Viel Freude beim Lesen-
wünscht Dir
Gudrun

Florian Freistetter

Asteroid Now

Florian Freistetter

Asteroid Now

Warum die Zukunft der Menschheit in den Sternen liegt

HANSER

MIX
Papier aus verantwortungsvollen Quellen
FSC® C014889
www.fsc.org

Bibliografische Information der Deutschen Nationalbibliothek

Die Deutsche Nationalbibliothek verzeichnet diese Publikation in der Deutschen Nationalbibliografie; detaillierte bibliografische Daten sind im Internet über http://dnb.d-nb.de abrufbar.

1 2 3 4 5 18 17 16 15

Internet: http://www.hanser-literaturverlage.de

Herstellung: Thomas Gerhardy
Umschlaggestaltung und Motiv: Hauptmann & Kompanie Werbeagentur, Zürich
Satz: Kösel Media GmbH, Krugzell
Druck und Bindung: Friedrich Pustet, Regensburg
Printed in Germany

ISBN 978-3-446-44309-9
E-Book-ISBN 978-3-446-44323-5

Für André Knöfel,
den Entdecker des Asteroiden (243073) Freistetter

Inhalt

Einleitung 11

Teil I
Steine, die vom Himmel fallen 13

Armageddon 15

Steine, die vom Himmel fallen 19
Ceres & Co. 23
Kometen und andere Katastrophen 28

Die dünne graue Linie 35

Der Dinokiller 38
Tunguska 44
Die Zukunft vorhersagen 46
How bad is it? Die Turiner Skala 49
Apophis – ewige Finsternis 52

Das ungemütliche Universum 57

Die Welt als Uhrwerk 59
Die Entdeckung des Chaos 62
Das astronomische Klima 65

Der Tanz der Kontinente 70
Vulkane & andere Explosionen 76

Teil II
Asteroiden: Freund oder Feind? 85

Asteroiden abwehren 87

Hisst die Sonnensegel! 91
Asteroiden bewerfen 93
Laser & Ionenantrieb 96

Asteroiden nutzen 105

Die Ökonomie der Raumfahrt 111
Auf Asteroiden landen 121
Raumfahrt ganz privat 125

Ein Fahrstuhl zu den Sternen 129

Die Erfinder des Weltraumlifts 133
Ein äußerst dünnes Kabel 137
Eine Plattform im Ozean 144
Das Nadelöhr der Raumfahrt 148

Teil III
Neue Welten 155

Eine strahlende Zukunft 157

Sterne sehen 158
Im Auge des Sonnensturms 165
Wie wir uns vor der kosmischen Strahlung schützen können 171

Unsere Zukunft in den Sternen 179

Durch die Leere 182
Der nukleare Pulsantrieb 186
Unterwegs mit Generationenschiffen 189
Wurmlöcher und Warp-Antrieb 194

Staying home 203

Nur manche mögen's heiß 205
Planeten verschieben 208
Sonnenverjüngungskuren und Dyson-Sphären 217

Epilog 221

Weiterführende Literatur und Danksagungen 225

Register 229

Einleitung

Seit es das Internet gibt, vermehren sich Weltuntergangstheorien wie Fliegen. Unsinn erweckt Aufmerksamkeit: über Säurewolken aus dem All, die die Erde auflösen werden, die Ankunft von Aliens, die uns zu Sklaven machen, menschengemachte schwarze Löcher, die uns alle auffressen können, oder über Apokalypsen, die durch den endenden Kalender eines alten Volks ausgelöst werden. Bekanntlich ist die Welt trotz all dieser Schauergeschichten aber immer noch nicht untergegangen, und auch in Zukunft müssen wir keine große Angst vor religiösen Prophezeiungen oder esoterischen Visionen haben.

Das heißt aber nicht, dass die Welt nicht untergehen wird. Wir müssen nur unsere menschlichen Zeitskalen verlassen, um zu erkennen, dass die Erde keineswegs ein sicherer Ort ist. Aus kosmischer Sicht passiert ständig etwas. Die Bahn der Erde schwankt hin und her und verursacht bei unserem Planeten Eiszeiten und Hitzeperioden. Sterne in der Umgebung explodieren und schleudern ihre Strahlung in Richtung Erde. Und ständig fallen Asteroiden auf uns herunter. Und da könnte durchaus bald einmal ein größerer dabei sein. Unser Planet kommt uns nur deswegen so friedlich vor (abgesehen von den kriegerischen Handlungen), weil wir erst seit kurzer Zeit auf ihm wohnen.

Die Geschichte des modernen Menschen dauert gerade mal ein paar Zehntausend Jahre. Aus kosmischer Sicht ein Wimpernschlag. Falls uns daran liegen sollte, noch ein wenig länger zu existieren, müssen wir uns mit den Gefahren aus dem Weltall beschäftigen.

Denn wir können die Erde schützen, wenn wir wollen. Ein Teil dieses Buches wird sich mit den Maßnahmen beschäftigen, die wir schon heute durchführen können, wenn uns der Weltuntergang droht. Mit Katastrophen wie einem Asteroideneinschlag können wir umgehen. Wir müssen nicht das gleiche Schicksal erleiden wie die Dinosaurier. Aber nicht alles, was uns das Universum entgegenschleudert, lässt sich von der Erde aus neutralisieren. Deshalb müssen wir hinauf ins All, zu den Sternen aufbrechen und am Ende sogar den Weltraum zu unserer Heimat machen. Der zweite und der dritte Teil des Buches beschäftigen sich mit entsprechenden Strategien: Wie kann man die Erde am besten verlassen? Wie baut man einen Weltraumlift zum Mond? Können wir zu den Sternen fliegen? Wie bauen wir vernünftige Raumschiffe? Können wir vielleicht sogar die Erde selbst als Raumschiff verwenden? Welche Planeten bieten sich zur Besiedelung an?

Fragen dieser Art klingen nach Science-Fiction. Aber nicht nur Drehbuchautoren aus Hollywood haben sich mit ihnen beschäftigt, sondern auch Astronomen und Physiker. Sie liefern uns eine Anleitung, die Welt zu retten. Wir sollten ihnen aufmerksam zuhören.

Teil I

Steine, die vom Himmel fallen

Kapitel 1
Armageddon

Der 15. Februar 2013 war ein Tag wie aus einem Hollywood-Katastrophenfilm. Ich saß gerade in einem Zug nach Wien, um dort an Probeaufnahmen teilzunehmen. Am Tag zuvor hatte ich einigen Zeitungen und Radiosendern, die etwas über den Vorbeiflug des Asteroiden 2012 DA14 wissen wollten, Interviews gegeben. Dieser knapp 40 Meter große Felsbrocken sollte am Abend des 15. Februar in einem Abstand von knapp 27 700 Kilometer an der Erde vorbeifliegen. Eine ziemlich große Strecke für uns Menschen, nach kosmischen Maßstäben aber ein knapper Vorbeiflug. Der Asteroid würde der Erde dabei sogar kurzfristig näher kommen als einige der Satelliten auf ihren Umlaufbahnen. Trotzdem bestand keinerlei Gefahr: Die Bahn des Asteroiden war genau genug bekannt, um sicher sein zu können, dass er uns nicht treffen würde. Außerdem kommt es immer wieder mal vor, dass kleinere Himmelskörper sich der Erde annähern. Allein in den nächsten 100 Jahren werden mindestens 11 Asteroiden der Erde näher kommen als der Mond (und wahrscheinlich sind es noch viel mehr, die wir übersehen haben).

All das habe ich in den Interviews erklärt und darauf hingewiesen, dass dieser Vorbeiflug kein Grund für Panik ist, sondern eine Chance für die Wissenschaft darstellt. Meistens sind die Asteroiden viel zu weit weg, um mit Teleskopen mehr als einen schwachen Lichtpunkt sehen zu können. Wenn uns ein Asteroid so nah kommt wie 2012 DA14, dann ist das eine Gelegenheit, die sich Astronomen nicht entgehen lassen können. Entsprechend gespannt erwarteten sie das Ereignis.

In den Boulevardmedien und im Internet verbreiteten sich dennoch Verschwörungstheorien, Katastrophengeschichten und Weltuntergangsprophezeiungen. Nun gut, immerhin hatte *ich* mich in meinen Pressegesprächen redlich bemüht, diese unsinnigen Horrorstorys zu entkräften. Umso überraschter war ich, als mich während der Zugfahrt einer der Radiosender noch einmal anrief und um ein Statement zum gerade stattgefundenen Asteroideneinschlag in Russland bat.

Ein Asteroideneinschlag? Die Radiomoderatorin erzählte mir, dass in der Stadt Tscheljabinsk im Ural ein Asteroid auf die Erde gestürzt sei und dabei Hunderte Menschen verletzt und getötet habe. Sie wollte wissen, was das mit 2012 DA14 zu tun hatte. Ich vermutete, dass es sich um einen Scherzanruf handelte, denn 2012 DA14 konnte unmöglich involviert sein. Asteroiden ändern nicht einfach so ihre Bahn, und die Bahn dieses speziellen Himmelskörpers war im Vorfeld sehr genau vermessen worden. Zum Zeitpunkt des Anrufs war der Asteroid noch weit von der Erde entfernt. Sollte die Nachricht von der Katastrophe in Russland stimmen, schien es mir wahrscheinlicher, dass es sich um ein irdisches Desaster handelte. Eine Explosion in einer Fabrik oder einem Kraftwerk zum Beispiel, die fälschlicherweise mit dem Vorbeiflug des Asteroiden in Verbindung gebracht wurde.

Frühmorgens im Zug sitzend, ohne Internetverbindung und auf dem Weg zu einem wichtigen Termin, hatte ich keine Zeit oder Möglichkeit, mich genauer zu informieren. Als dann aber immer mehr Leute bei mir anriefen, um mich über den Einschlag in Russland zu befragen, war schnell klar, dass hier tatsächlich etwas Außergewöhnliches passiert sein musste. Es war wirklich ein Asteroid mit der Erde kollidiert, und zwar völlig unabhängig vom abendlichen Vorbeiflug von 2012 DA14. Schnell kursierten Videos von in russischen Autos montierten Kameras,* die zeigten, wie ein helles Objekt über den Himmel sauste und dann in einem grellen Lichtblitz explodierte. Andere Kameras zeigten, wie eine starke Druckwelle überall in Tscheljabinsk Fensterscheiben zersplittern ließ und Gebäude zum Wackeln brachte. Später konnte man folgenden Ablauf rekonstruieren:

Um etwa halb zehn Uhr morgens (halb fünf Uhr morgens mitteleuropäischer Zeit) traf ein knapp 20 Meter großer Felsbrocken auf die Lufthülle der Erde. Er war mit einer Geschwindigkeit von 18 Kilometern pro Sekunde unterwegs (das sind fast 65 000 km/h beziehungsweise mehr als die 50-fache Schallgeschwindigkeit) und traf unseren Planeten unter einem flachen Winkel von 20 Grad. Unter den starken Reibungskräften begann das ungefähr 10 000 Tonnen schwere Objekt in einer Höhe von ungefähr 50 Kilometern auseinanderzubrechen. Das war auch der Zeitpunkt, ab dem es vom Erdboden als helles Objekt am Himmel zu sehen war. Der Asteroid leuchtete ungefähr 30 Sekunden lang, bevor er explodierte. Wenn ein großer Felsbrocken in viele kleine Stücke zerbricht, dann haben diese gemeinsam eine größere Oberfläche als der intakte Asteroid. Je größer die Oberfläche, desto stärker aber auch die Reibungskräfte mit der Luft. Schlagartig erhöht sich die Energie, die auf den zerbrechenden Himmels-

* In Russland haben sehr viele Autos kleine Kameras montiert, die alles filmen, was vor ihnen auf der Straße passiert. Da solche Bilder auch bei Gerichtsverhandlungen zugelassen sind, wollen sich die Autofahrer so vor falschen Beschuldigungen bei Unfällen schützen.

körper einwirkt. Er explodiert und setzt dabei eine Druckwelle frei, die sich in alle Richtungen ausbreitet.

So etwas nennt man „Airburst". In Tscheljabinsk wurde die meiste Energie in 15 bis 20 Kilometer Höhe freigesetzt. Der Airburst war 20 bis 30 Mal so stark wie die Explosion der Atombombe von Hiroshima, und das reichte, um am Erdboden die Häuser wackeln und die Fensterscheiben zersplittern zu lassen.

Tatsächlich *eingeschlagen* ist der Asteroid allerdings nicht. Die Schäden und Verletzungen entstanden durch die Druckwelle und die vielen herumfliegenden Glasscherben, nicht durch direkte Treffer von Asteroidenstücken. Es gibt auch keinen Einschlagskrater. Nur einige kleinere Bruchstücke des Asteroiden, sogenannte „Meteoriten", konnten später am Boden gefunden werden (der größte davon war 570 Kilogramm schwer). Dass dieser Airburst über Russland genau am gleichen Tag stattfand wie der Vorbeiflug von 2012 DA14, war reiner Zufall. Der knapp viermal größere Asteroid passierte am Abend des 15. Februar 2013 die Erde wie vorhergesagt – ohne dabei irgendeinen Schaden anzurichten.

Die Ereignisse dieses Tages haben eindrucksvoll demonstriert, dass unsere Erde zumindest aus astronomischer Sicht kein sicherer Ort ist. Sondern nur einer von vielen Himmelskörpern, die die Sonne umkreisen, wobei es eben ab und zu zu Kollisionen kommt.

Am 15. Februar 2013 ist glücklicherweise nicht viel passiert. Eine Fabrik in der Stadt stürzte ein. Knapp 3700 Gebäude wurden beschädigt (hauptsächlich gingen die Fenster kaputt). Laut den Behörden mussten 1491 Menschen medizinisch behandelt werden. Aber niemand starb bei diesem Airburst, außerhalb der Region kam keiner zu Schaden. In den zahlreichen Science-Fiction-Büchern und Kinofilmen über Asteroideneinschläge ist das anders. Hier ist immer die gesamte Erde bedroht, die Vernichtung der Menschheit steht bevor. Und auch wenn die Regisseure und Autoren naturgemäß zu Dramatik und Übertreibung neigen, weiß auch die Wissenschaft mittlerweile, dass die Felsbrocken aus dem All tatsächlich viel größeren Schaden anrichten können, als es in Tscheljabinsk der Fall war.

Angesichts der wichtigen Rolle, die solche Kollisionen in der Geschichte der Erde gespielt haben, und der Bedrohung, die sie für das Leben auf unserem Planeten darstellen, hat es aber erstaunlich lange gedauert, bis man sich dazu durchringen konnte, sie ernst zu nehmen.

Steine, die vom Himmel fallen

Dass „Steine" einfach so vom Himmel fallen können, hielt man die längste Zeit für völlig ausgeschlossen. Woher hätten die auch kommen sollen – man wusste bis vor gar nicht allzu langer Zeit noch gar nicht, dass es im All überhaupt Steine gibt. Man fand zwar auch früher schon immer wieder mal Felsbrocken, die scheinbar aus dem Nichts auf die Erde gefallen waren. Aber von Aristoteles im antiken Griechenland bis zu den Naturforschern im 19. Jahrhundert war man allgemein der Meinung, dass sie unmöglich aus dem Weltall stammen konnten. Im Raum zwischen den Planeten war nichts, höchstens der göttliche „Äther", aber mit Sicherheit keine schnöden Steine. Die mussten von der Erde selbst stammen, konnten vom Wind in die Atmosphäre geweht oder bei Blitzeinschlägen in den Himmel geschleudert worden sein. Vielleicht hatte sich auch einfach Staub in der Luft zusammengeballt, bis irgendwann Brocken entstanden, schwer genug, um zu Boden zu fallen. Nur wenige Außenseiter verfolgten die Idee eines extraterrestrischen Ursprungs.

Anaxagoras zum Beispiel hing im 5. Jahrhundert vor Christus

in Griechenland der blasphemischen Idee an, die Sonne wäre keine Manifestation der Götter, sondern einfach nur ein glühender Stein am Himmel. Und wenn sich dort oben ein großer Stein befindet, konnten von dort auch kleine Steine zu Boden fallen. Obwohl sich viele der Thesen des Anaxagoras (zum Beispiel seine Erklärungen über Sonnenfinsternisse oder die Herkunft des Mondlichts) später als richtig herausstellten, brachten ihm seine unkonventionellen Meinungen damals große Schwierigkeiten und eine Verurteilung zum Tode wegen Gottlosigkeit ein (die später in eine Verbannung umgewandelt wurde).

Steine, die aus dem Weltall kommen, waren aber auch später für die meisten Forscher völliger Unsinn. Man wusste einfach noch zu wenig über das Universum, kannte zwar die Sterne und die Planeten, aber dass zwischen diesen noch Unmengen kleiner Felsbrocken herumschwirrten, konnte sich niemand vorstellen. Erst im 16. Jahrhundert begann sich die Sicht auf das Sonnensystem zu verändern.

Ein paar Jahrzehnte, bevor die Erfindung des Teleskops die Astronomie revolutionieren und Galileo Galilei, Johannes Kepler und Isaac Newton das vorherrschende Weltbild stürzen würden, war der dänische Astronom Tycho Brahe noch damit beschäftigt, die Himmelskörper mit freiem Auge zu beobachten. Trotz fehlender optischer Instrumente war er der beste und genaueste Beobachter seiner Zeit. Im Jahr 1577 untersuchte er einen Kometen, der für alle sichtbar hell am Himmel stand. Kometen waren den Menschen schon seit Jahrtausenden bekannt – aber man hielt sie bis dahin für göttliche Zeichen oder irgendwelche Leuchterscheinungen in der Atmosphäre der Erde.

Erst die genauen Beobachtungen von Brahe zeigten zweifelsfrei, dass dieser Komet sich weit außerhalb der Lufthülle der Erde bewegen musste. Über die genaue Natur dieser Objekte wusste man allerdings noch nichts. Damit befanden sich die Kometen aber in guter Gesellschaft. Auch über die Herkunft und Natur der Planeten, der Sterne und die Struktur des gesamten Sonnensystems war man sich noch im Unklaren.

Nach Brahes Tod im Jahr 1601 erhielt der Astronom und Mathematiker Johannes Kepler Zugriff auf dessen gesammelte Beobachtungsdaten. Kepler nutzte Brahes Aufzeichnungen, um zu verstehen, wie das Sonnensystem aufgebaut ist. Das alte Weltbild der Antike mit der Erde im Zentrum hatte zwar schon Konkurrenz durch das kopernikanische Weltbild mit der Sonne im Mittelpunkt bekommen. Beide Modelle lieferten jedoch nur recht ungenaue Vorhersagen für die tatsächliche Position der Planeten.

Erst Kepler erkannte, dass man sich nicht nur Gedanken darüber machen muss, ob Erde oder Sonne im Mittelpunkt stehen, sondern auch darüber, welche *Form* die Bahnen der Planeten haben. Bis dahin war man selbstverständlich davon ausgegangen, dass sich alle Himmelskörper nur auf Kreisbahnen bewegen konnten. Der Kreis wurde als perfekte Form angesehen, und weil der Himmel das Reich des Göttlichen war, konnte es dort nur kreisrunde Himmelskörper geben, die sich auf kreisförmigen Bahnen umeinander bewegten. Kepler aber stellte fest, dass sich die Bahnen der Planeten mit elliptischen Bahnen viel besser beschreiben lassen. Die Bahnellipsen der Himmelskörper wichen zwar nur sehr wenig von der Kreisform ab, diese kleine Korrektur reichte aber aus, ein Modell zu entwickeln, das gute Vorhersagen machte.

Ganz konnte sich Kepler aber nicht von der Idee lösen, dass der Struktur des Sonnensystems ein perfekter, „göttlicher" Bauplan zugrunde liegt. Damals waren nur die sechs Planeten Merkur, Venus, Erde, Mars, Jupiter und Saturn bekannt. Kepler war davon überzeugt, dass die Planeten nicht einfach zufällig im Sonnensystem verteilt waren, sondern dass ihre Abstände von der

Sonne Gesetzmäßigkeiten folgen mussten. Bei seinen Untersuchungen fand er auch einen entsprechenden mathematischen Zusammenhang der Abstände, der leider nur einen Schönheitsfehler aufwies: Zwischen den Bahnen von Mars und Jupiter gab es eine Lücke, die sein System kaputt machte. Kepler schlug vor, dass sich dort noch ein kleiner Planet befinden müsse. So richtig zufrieden war er mit dieser Lösung aber nicht, denn selbst ein Zusatzplanet zwischen Mars und Jupiter konnte sein System nicht komplett retten. Außerdem hätte er noch einen weiteren Planeten zwischen Merkur und Venus setzen müssen, um auch dort eine Lücke zu schließen.

Später verwarf Kepler diesen Ansatz ganz und stellte sich geometrische Figuren (Kugeln, Würfel und regelmäßige Vielflächler) vor, die wie russische Matrjoschka-Puppen ineinandergeschachtelt werden können und deren Abfolge die Bahnen der Planeten repräsentiert. Damit konnte er das Problem lösen (allerdings stellte dies nur ihn selbst zufrieden, den ihm nachfolgenden Astronomen war das Modell zu konstruiert und esoterisch). Der große Isaac Newton war der Meinung, dass die Lücke zwischen Mars und Jupiter lebenswichtig für uns sei. Es müsse sie geben, denn nur so sei sichergestellt, dass die großen Planeten wie Jupiter und Saturn ausreichend Sicherheitsabstand zur Erde haben und die Bahn unseres Planeten durch ihre gewaltigen Gravitationskräfte nicht zu sehr stören. Große Planeten bräuchten eben auch mehr Platz – eine Meinung, der sich viele andere große Denker der damaligen Zeit (zum Beispiel Immanuel Kant) anschlossen.

1766 aber fand der damals eher unbekannte Astronom Johann Daniel Titius von der Universität Wittenberg ein neues mathematisches Gesetz, mit dem sich die Abstände der Planeten von der Sonne beschreiben ließen. Merkur, Venus, Erde, Mars, Jupiter und Saturn passten fast perfekt in das von Titius entdeckte Muster.* Nur zwischen den Bahnen von Mars und Jupiter verblieb das Problem, an dem auch schon Kepler gescheitert war. Hier sagte die Regel von Titius die Existenz eines weiteren Planeten vorher. Ein Planet, der aber ganz offensichtlich nicht da war.

Ceres & Co.

Doch dann kam das Jahr 1781 und eine der beeindruckendsten astronomischen Entdeckungen überhaupt: Der britische Astronom Wilhelm Herschel fand, das erste Mal in der Geschichte, einen neuen Planeten. Der Himmelskörper bekam den Namen Uranus, umkreiste die Sonne außerhalb der Bahn des Saturn und passte perfekt in die Regel von Titius. Die wurde mittlerweile „Titius-Bode-Reihe“ genannt (nach Johann Elert Bode, dem Direktor der Berliner Sternwarte, der Titius’ Entdeckung bekannt gemacht hatte), und nach der Entdeckung des Uranus hatte kaum noch jemand Zweifel an ihrer Gültigkeit. Wenn die Titius-Bode-Reihe einen weiteren Himmelskörper zwischen den Bahnen von Mars und Jupiter vorhersagte, dann musste da also auch einer sein.

Um ihn endlich zu finden und die störende Lücke zu schließen, entschloss man sich, die Suche systematisch anzugehen. Schon auf dem ersten europäischen Astronomenkongress in Gotha im Jahr 1798 hatte der Franzose Jérôme Lalande eine internationale Kooperation gefordert, die zwei Jahre später während des zweiten Treffens umgesetzt wurde. Unter der Leitung des deutsch-österreichischen Astronomen Franz-Xaver von Zach wurde die

* Titius teilte den Abstand zwischen Sonne und Saturn (dem damals äußersten bekannten Planeten) in 100 Teile ein. Merkur ist 4 dieser Einheiten von der Sonne entfernt, die Venus 4 + 3 Teile, die Erde 4 + 6 Teile; der Mars 4 + 12, etc. Das Muster lautet also: 4 + 0, 4 + 3, 4 + 6, 4 + 12, ... Man beginnt mit der 0 bzw. der 3, verdoppelt diese Zahl immer wieder (6,12, ...) und addiert 4 – das Ergebnis ist der Abstand des Planeten von der Sonne.

„Himmelspolizey“ ins Leben gerufen.* Der Himmel wurde in 24 Abschnitte aufgeteilt und jeder beteiligten Sternwarte ein Bereich zugewiesen. Auf der Liste der Kooperationspartner stand auch der Sizilianer Giuseppe Piazzi, der schon am 1. Januar 1801 einen schwach leuchtenden Stern an einer Position fand, an der sich laut seiner Sternkarten gar kein Stern befinden konnte. Als Piazzi den neuen „Stern“ in der folgenden Nacht noch mal beobachten wollte, stellte er fest, dass er sich deutlich bewegt hatte. Vorläufige Berechnungen zeigten, dass sich dieser Himmelskörper tatsächlich genau in der Lücke zwischen den Bahnen von Mars und Jupiter befand.

Piazzi gab ihm den Namen „Ceres“,** konnte seine Beobachtungen aber wegen einer Erkrankung nicht fortsetzen. Dann verschwand der neue Himmelskörper auf seiner Bahn hinter der Sonne, die Astronomen verloren ihn aus den Augen. Ihn wiederzufinden war nicht so einfach, denn aus den wenigen Beobachtungen, die Piazzi noch machen konnte, ließ sich nur eine sehr ungenaue Bahn bestimmen. Der große Mathematiker Carl-Friedrich Gauß entwickelte daher extra eine neue Methode der Bahnbestimmung, die Mitglieder der Himmelspolizey setzen sie erfolgreich um – und fanden Ceres im Dezember 1801 wieder.

Schon ein Jahr nach ihrer Gründung schien die Aufgabe der internationalen Astronomengruppe beendet zu sein. Wie erwartet hatte man den fehlenden Planeten zwischen Mars und Jupiter entdeckt. Allerdings fand der deutsche Arzt und Astronom Heinrich Wilhelm Olbers aus Bremen am 28. März 1802 *noch* einen

* Im Zuge der internationalen Kooperation wurde im Jahr 1800 auch die *Vereinigte Astronomische Gesellschaft* gegründet, die erste astronomische Vereinigung der Welt und Vorläuferin der heute immer noch existierenden *Astronomischen Gesellschaft (AG)*, in der sich die deutschsprachigen Astronomen in Deutschland, Österreich und der Schweiz organisieren.

** Eigentlich „Ceres Ferdinandea“ nach der römischen Schutzgöttin der Insel Sizilien und König Ferdinand IV. von Neapel. Später wurde der Name zu „Ceres“ abgekürzt.

unbekannten Planeten zwischen Mars und Jupiter. „Pallas" passte so gar nicht ins Schema der Astronomen. Man hatte ja schon Ceres – was sollte man mit einem weiteren Planeten anfangen? 1804 folgte dann noch die Entdeckung von „Juno", 1807 wurde „Vesta" gefunden. Astrea, Hebe, Iris, Flora, Metis, Hygiea, Parthenope, Victoria, Egeria, Irene und Eunomia kamen in den folgenden Jahren hinzu. Anstatt *eines* fehlenden Planeten hatte man nun auf einmal 15 von ihnen, die sich alle zwischen den Bahnen von Mars und Jupiter befanden.

All diese Himmelskörper wurden damals wirklich „Planeten" genannt. Erst 1851 schlug der deutsche Naturforscher Alexander von Humboldt den Namen „Asteroiden" vor, der sich dann auch durchsetzte. Nicht durchsetzen konnte sich dagegen die Titius-Bode-Reihe. Nachdem schon die Vielzahl der Asteroiden ihre Gültigkeit zweifelhaft erschienen ließ, machte spätestens die Entdeckung des Planeten Neptun im Jahr 1846 ihr ein Ende. Neptun fiel völlig aus der Reihe heraus. Man ging daher dazu über, diese nur mehr als mathematische Kuriosität zu betrachten, die mit der realen Struktur des Sonnensystems nichts zu tun hatte.

In den folgenden Jahren und Jahrzehnten wuchs die Liste der bekannten Asteroiden ständig an, und es wurde klar, dass sich ein ganzer „Asteroidengürtel" zwischen der Bahn von Mars und Jupiter befinden musste.

Im 19. Jahrhundert rechnete man nicht damit, auch anderswo im Sonnensystem Asteroiden zu finden. Es war ebenfalls noch unklar, wo diese kleinen Himmelskörper überhaupt herkamen. Einer populären Vorstellung zufolge sollten sie die Überreste eines zerstörten Planeten sein. Diese Idee stammte von Olbers, dem Entdecker des Asteroiden Pallas. Als Mitglied der Himmelspolizey war auch er von der Existenz *eines* Planeten zwischen Mars und Jupiter überzeugt gewesen und entsprechend überrascht von seiner eigenen Entdeckung.

Olbers nahm daher an, dass sowohl Ceres als auch Pallas nur Bruchstücke eines zerstörten Planeten waren (der später den Namen „Phaeton“ bekam), und sagte die Existenz weiterer kleiner Himmelskörper in der Nähe von Pallas und Ceres voraus. Als tatsächlich immer mehr Asteroiden entdeckt wurden, schien sich Olbers’ Hypothese zu bestätigen: Statt eines normalen Planeten befand sich zwischen Mars und Jupiter ein großes Trümmerfeld aus großen und kleinen Felsbrocken. Man vermutete, dass der ehemals dort existierende Phaeton durch die starke Gravitationskraft des Jupiters zerstört worden oder bei einer Kollision mit einem anderen großen Himmelskörper auseinandergebrochen war.

Damals mag das eine plausible Vorstellung gewesen sein; heute kennen wir viel mehr Asteroiden im Hauptgürtel als im 19. Jahrhundert. Aber von den mehr als 500 000 bekannten Kleinkörpern zwischen Mars und Jupiter sind nur Ceres, Pallas und der 1807 entdeckte Asteroid Vesta größer als 500 Kilometer.* Nimmt man alle Asteroiden im Hauptgürtel zusammen, macht ihre Masse gerade einmal 4 Prozent von der unseres Mondes aus (beziehungsweise 0,05 Prozent der Masse der Erde). Das ist viel zu wenig, um daraus einen ganzen Planeten aufzubauen.

Dass mit der These des zerstörten Planeten etwas nicht stimmen konnte, merkte man aber auch schon gegen Endes 19. Jahrhunderts, als außerhalb des Hauptgürtels Asteroiden auf sehr seltsamen Bahnen entdeckt wurden. In der Nacht vom 13. August 1898 waren Gustav Witt und sein Assistent Felix Linke an der Berliner Urania-Sternwarte dabei, den Himmel zu fotografieren. Witt war nur ein Teilzeit-Astronom: Untertags saß er im

* Und zwischen ihnen ist sehr viel Platz. In Science-Fiction-Filmen und Dokumentationen im Fernsehen zeigt man den Asteroidengürtel oft als Region, in der ein Felsbrocken direkt neben dem anderen durchs All fliegt. In Wahrheit sind sie alle weit voneinander entfernt.

Deutschen Reichstag, wo er als Stenograf Reden von Politikern mitschrieb. Genauso gründlich, wie er die Worte der Volksvertreter für die Nachwelt aufbewahrte, machte er sich in der Nacht daran, die Bilder der Sterne aufzuzeichnen. Aber einer der hellen Punkte, die er in besagter Nacht beobachtete, konnte kein Stern sein. Dieser Punkt hatte sich bewegt. Es musste sich um einen nahen Kleinkörper im Sonnensystem handeln. Witt und Linke hatten einen weiteren Asteroiden gefunden; mittlerweile schon der 433ste, seit Piazzi 97 Jahre zuvor Ceres gefunden hatte.* Dieser Asteroid, der den Namen „Eros“ bekam, war aber nicht einfach nur ein weiterer Eintrag in einer immer länger werdenden Liste. Im Gegensatz zu den 432 anderen befand sich Eros nicht im Bereich zwischen Mars und Jupiter. Seine Bahn war zudem nicht annähernd kreisförmig wie die der anderen Kleinkörper, sondern viel langgestreckter. Auf seinem Weg um die Sonne kommt Eros der Erde sogar näher als der Mars. Deutlich näher: Während der Mars der Erde sich auf höchstens 55 Millionen Kilometer annähern kann, rückt Eros bis auf 22 Millionen Kilometer an die Erde heran.

Witt und Linke hatten den ersten Asteroiden aus der Gruppe der „erdnahen Asteroiden“ entdeckt. Wie der Name vermuten lässt, handelt es sich dabei um Himmelskörper, die der Erde nahe kommen können. Und nicht nur das: Manche der erdnahen Asteroiden bewegen sich auf Bahnen, die die Bahn der Erde kreuzen.

Das bedeutet, dass es zur Kollision kommen kann. Bis diese Erkenntnis akzeptiert wurde, musste aber noch ein wenig Zeit vergehen. Man musste vor allem besser über die Natur der Kleinkörper im Sonnensystem Bescheid wissen.

* In der gleichen Nacht wurde derselbe Asteroid auch vom französischen Astronomen Auguste Charlois beobachtet, der ihn aber auf den Aufnahmen zuerst nicht als Asteroiden erkannte.

Kometen und andere Katastrophen

Die Asteroiden fügten sich schnell in das Bild der vorhandenen Himmelskörper ein. Bei den Kometen dauerte es ein wenig länger. Ende des 17. Jahrhunderts nutzte der Brite Edmund Halley die kurz zuvor entwickelte Gravitationstheorie von Isaac Newton, um die Bahnen von einer Vielzahl der damals bekannten Kometen zu berechnen. Dabei stellte er fest, dass einige Kometen aus der Vergangenheit annähernd gleiche Umlaufbahnen hatten. Er schloss daraus, dass es sich immer um denselben Himmelskörper handeln musste, der so wie die Planeten einer regelmäßigen Bahn um die Sonne folgt und dabei alle 76 Jahre der Erde nahe kommt.* Dieser Komet trägt heute Halleys Namen, und so wie die meisten der danach entdeckten Kometen bewegt sich auch der Halleysche Komet auf einer langgestreckten und elliptischen Bahn, die ihn quer durchs Sonnensystem führt und ihn die Bahnen der anderen Planeten kreuzen lässt.

Anfang des 19. Jahrhunderts spekulierte der deutsche Astronom Friedrich Wilhelm Bessel darüber, dass die Kometen deswegen so hell am Himmel leuchten konnten, weil es sich bei ihnen um Felsbrocken handelte, aus denen Gas ins All strömt, das den Kometen wie eine Wolke umgibt und hell leuchtet. Die Idee war richtig, setzte sich aber erst 1951 durch, als der amerikanische Astronom Fred Whipple sein berühmtes Modell der „schmutzigen Schneebälle“ entwickelte. Whipple betrachtete die Kometen als Mischung aus Staub und gefrorenen Gasen, die auftauen,** wenn sich der Himmelskörper der warmen Sonne nähert. Das Eis entweicht ins All und reißt dabei Staub von der Oberfläche des Kometen mit sich. So entsteht eine große Wolke aus Gas und

* Das nächste Mal im Jahr 2061.

** Genauer gesagt: Das Eis „sublimiert“; es geht also direkt vom festen in den gasförmigen Zustand über.

Staub, die den Kometenkern umgibt und das Sonnenlicht reflektieren kann.

Mitte des 20. Jahrhunderts wusste man also darüber Bescheid, dass es im Sonnensystem neben den Planeten auch noch diverse andere Kleinkörper gab. Die Asteroiden und Kometen waren im Wesentlichen Brocken aus Gestein und Eis, und einige von ihnen befanden sich auf Bahnen, die die Bahn der Erde kreuzen konnten. Trotzdem war man damals mehrheitlich nicht davon überzeugt, dass es auch zu Kollisionen kommen konnte.

In ferner Vergangenheit mochte so etwas vorgekommen sein, dachte man damals, und vielleicht fiel immer noch der eine oder andere Stein vom Himmel. Immerhin waren Chemie und Geologie weit genug fortgeschritten, um feststellen zu können, dass die Zusammensetzung dieser Steine völlig anders war als die derer, die von der Erde stammen. Aber man dachte, dass Meteoriten nur selten auf die Erde fallen und dabei keinen großen Schaden anrichten.

Die meisten Geologen hatten Hemmungen, Katastrophen in ihre Theorien einzubauen. Zu lange hatten Kirche und Religion die Wissenschaft beeinflusst, zu lange hatten biblische Geschichten wie die der Sintflut als der Forschung ebenbürtige Theorien gegolten. Einen „Katastrophismus" in der Wissenschaft hatte vor allem der französische Naturforscher George Cuvier Anfang des 19. Jahrhunderts populär gemacht. Er gilt als einer der Begründer der Paläontologie und untersuchte im Jahr 1808 die geologischen Schichten und Fossilien in der Umgebung von Paris. Cuvier fand sieben unterschiedliche Gesteinsschichten mit ausgestorbenen Tier- und Pflanzenarten, und die Lebewesen der einzelnen Schichten schienen absolut nichts miteinander zu tun zu haben. Zwischen den Schichten fand er geologische Ablagerungen, die nur Meerestiere enthielten, und er schloss daraus, dass die Welt in regelmäßigen Abständen komplett überschwemmt worden sein musste, die jeweils vorhandene Tier- und Pflanzenwelt ausgelöscht und durch eine neue ersetzt. Cuvier selbst sah keinen Zusammenhang zwischen seiner Forschung und religiösen Dogmen (zumindest findet sich darauf kein Hinweis in seinen Publikationen), aber andere Forscher waren nur zu gerne bereit, die Funde im Pariser Becken als Beleg für Gottes Eingriff in die Natur zu deuten.

Die von Gott gesandte weltweite Flut war bis tief ins 19. Jahrhundert hinein die Erklärung für eine Vielzahl geologischer und biologischer Phänomene. Erst die grundlegende Arbeit des Schotten Charles Lyell begann das zu ändern. Zwischen 1830 und 1833 veröffentlichte Lyell die drei Bände seines Werkes *Prinzipien der Geologie,* und der komplette Titel des Buches nimmt seinen Inhalt schon vorweg: *Principles of Geology: being an attempt to explain the former changes of the Earth's surface, by reference to causes now in operation (Prinzipien der Geologie: Ein Versuch, die früheren Veränderungen auf der Oberfläche der Erde durch heute ablaufende Vorgänge zu erklären).*

Lyell war der Meinung, dass es keine großen Katastrophen und schon gar keine Eingriffe übernatürlicher Wesen braucht, um die geologischen Strukturen auf der Erdoberfläche zu erklären. Man müsse sich nur die Vorgänge ansehen, die auch heute noch immer und überall stattfinden: Wasser fließt über Felsen, Wind weht über den Boden, Wellen reiben Kieselsteine gegeneinander, und so weiter. All das hat zwar kurzfristig keinen großen Einfluss auf die Gestalt der Erde. Aber wenn man nur lange genug wartet, so Lyell, dann verändern diese Prozesse das Angesicht der Erde und können ganze Kontinente umgestalten. Lyells Werk beeinflusste auch die Arbeit von Charles Darwin, der mit seiner Evolutionstheorie ebenfalls kleine Änderungen während langer Zeiträume als Erklärung für die Vielfalt des Lebens ausmachte. Gemeinsam drängten sie die religiösen Vorstellungen von abrupter Vernichtung und neuer Schöpfung aus der Forschung, und im 20. Jahrhundert fiel es ihren Kollegen dann schwer, die Katastrophen wieder zurück in die Wissenschaft zu lassen.

Und das galt ganz besonders für Kollisionen der Erde mit anderen Himmelskörpern. Man sah zwar viele Krater auf der Oberfläche des Mondes, und auch auf der Erde entdeckten Geologen einige beeindruckende Exemplare. Aber die hielt man für die Resultate von Vulkanausbrüchen und brachte sie nicht in Zusammenhang mit dem Einschlag von Asteroiden. Erst die Arbeit des amerikanischen Geologen Eugene Shoemaker sollte die Sicht auf die Dinge ändern. In den 1940er Jahren sah Shoemaker die großen Krater, die während der oberirdischen Atombombentests entstanden waren. Und auch während seiner Suche nach Uranablagerungen in Colorado und Utah stieß er auf Strukturen wie den großen *Barringer-Krater* in Arizona. Er begann sich für die Entstehung von Kratern zu interessieren und entdeckte (gemeinsam mit Ed Chao) im Zuge seiner Forschung das *Coesit*, eine spezielle Form von Quarz, die nur bei enorm hohen Temperaturen und Drücken entstehen kann. Zum Beispiel beim Einschlag eines Asteroiden.

Shoemaker konnte nachweisen, dass geologische Strukturen wie der Barringer-Krater oder auch das Nördlinger Ries in Deutschland durch Asteroideneinschläge entstanden sein mussten, und beschäftigte sich in Folge mit der Geologie anderer Himmelskörper. Er wollte die Krater auf dem Mond untersuchen und ihre Entstehung entschlüsseln, und wenn ihn nicht gesundheitliche Probleme daran gehindert hätten, wäre er im Zuge der Apollo-Missionen auch tatsächlich zum Mond geflogen. So musste er sich darauf beschränken, die Astronauten der NASA geologisch auszubilden.

Weltweit bekannt wurde Shoemaker im Jahr 1994. Im Juli konnten Astronomen auf der ganzen Welt beobachten, dass er mit seinen Thesen Recht hatte. Ein Komet, den Shoemaker gemeinsam mit David Levy und dessen Frau Carolyn entdeckt hatte, befand sich auf Kollisionskurs mit Jupiter: Pünktlich zum vorherberechneten Zeitpunkt stießen die beiden Himmelskörper zusammen.

Heute wissen wir, dass Asteroideneinschläge und Kollisionen mit Kometen ein völlig normaler Vorgang im Sonnensystem sind. Anders ist es auch gar nicht möglich, dass Astronomen seit der Entdeckung eines ersten erdnahen Asteroiden im Jahr 1898 noch mehr als 10 000 weitere große und kleine Felsbrocken gefunden haben, die sich im Raum zwischen den Bahnen von Mars und Venus befinden und dabei auch die Bahn der Erde kreuzen können. Die immer wieder stattfindenden nahen Begegnungen mit den großen Planeten verändern die Umlaufbahnen der kleinen Himmelskörper. Früher oder später hat das katastrophale Folgen.

Der Astronom Rudolf Dvorak von der Universität Wien hat im Jahr 1999 berechnet, dass der Asteroid Eros noch 20 Millionen Jahre durchhält, bevor die Störungen seiner Bahn zu einer Kollision mit der Sonne führen. Das gleiche Schicksal steht allen anderen erdnahen Asteroiden bevor. Sie werden entweder in die Sonne stürzen oder mit einem der Planeten kollidieren. Ihre Lebensdauer beträgt typischerweise nur einige 10 Millionen Jahre,* und das bedeutet, dass Zusammenstöße von Asteroiden mit Planeten im Sonnensystem auf der Tagesordnung stehen.

Wir wissen heute ebenfalls, dass sich in den äußeren Regionen des Sonnensystems ein gewaltiges Reservoir von Billionen Kometen befindet (die sogenannte „Oortsche Wolke"). Die meisten davon bleiben auf ihren fernen Bahnen, aber ab und zu führen gra-

* Die gravitativen Störungen der großen Planeten im äußeren Sonnensystem sorgen allerdings dafür, dass aus den weiter entfernt gelegenen Asteroidengürteln immer wieder neue Asteroiden in die Nähe der Erde gelangen. Auch wenn die erdnahen Asteroiden also nur kurz leben, ist für einen kontinuierlichen Nachschub gesorgt.

vitative Störungen vorbeiziehender Sterne dazu, dass einer von ihnen sich auf den langen Weg ins innere Sonnensystem macht. Dabei kann er der Erde nahe kommen und auch mit ihr zusammenstoßen.

Ob Asteroid oder Komet: Im Sonnensystem gibt es ausreichend Geschosse, und die Erde war von Anfang an eine der vielen Zielscheiben. Die geologischen Untersuchungen zeigen uns, dass unser Planet in der Vergangenheit immer wieder von Felsbrocken aus dem All getroffen wurde. Ereignisse wie der Asteroid von Tscheljabinsk beweisen zudem, dass der Beschuss noch immer stattfindet, und die Erkenntnisse der Astronomie machen zweifelsfrei klar, dass wir auch in Zukunft mit Asteroideneinschlägen rechnen müssen. Wir können froh sein, wenn dann nur ein paar Fensterscheiben zerbrechen. So eine kosmische Kollision kann viel unangenehmere Folgen haben.

Kapitel 2

Die dünne graue Linie

Durch die Gesteinskruste der Erde zieht sich eine dünne graue Linie. Man findet sie überall auf der Welt, sie trennt zwei der großen Erdzeitalter voneinander. Unter der Linie findet man die Fossilien aus der sogenannten „Kreidezeit" und darüber versteinerte Lebewesen aus dem „Paläogen" (dieses Erdzeitalter wurde bis zum Jahr 2000 noch „Tertiär" genannt). Die Welten über und unter der Linie unterscheiden sich fundamental. In der älteren Kreideschicht findet man zum Beispiel die versteinerten Knochen von Dinosauriern. In der neueren Paläogen-Schicht sind sie verschwunden. Dazwischen liegt die dünne graue Linie und markiert das Verschwinden der Reptilien, die für mehr als 100 Millionen Jahre lang die Welt beherrscht haben.

Die Existenz der Dinosaurier war schon im 19. Jahrhundert bekannt, als die Paläontologen ihre fossilen Knochen systematisch ausgruben und untersuchten. In den folgenden Jahrzehnten verstand man zwar immer besser, welche Lebewesen diese Knochen in den Gesteinsschichten hinterlassen hatten. Aber warum es sie nicht mehr gab, blieb ein Geheimnis, das erst gelüftet wurde, als die Geologen die dünne graue Linie im Gestein untersuchten.

Diese „K/T-Grenze"* war in den 1970er Jahren das Forschungsobjekt des amerikanischen Geologen Walter Alvarez. In den Gesteinen des italienischen Ortes Gubbio ließ sich die Grenzschicht besonders gut studieren. Es war damals schon klar, dass die Schicht vor knapp 65 Millionen Jahren gebildet worden sein musste. Alvarez wollte herausfinden, wie lange die Bildung der Grenzlinie gedauert hatte. Hatten sich die Gesteine der dünnen grauen Linie im Laufe von Jahrhundettausenden abgelagert oder war der Prozess schneller verlaufen? Je dünner eine Gesteinsschicht ist, desto schneller hat sie sich normalerweise auch gebildet. Aber es konnte genauso gut sein, dass der Ablagerungsprozess nur sehr langsam vonstattengegangen und deswegen während eines langen Zeitraums nur eine dünne Schicht zustande gebracht worden war. Alvarez wollte ein geologisches Rätsel lösen, an einen Zusammenhang mit den Dinosauriern dachte er vorerst noch nicht.

Die Methode zur Bestimmung der Wachstumsgeschwindigkeit der K/T-Grenze, die Alvarez schließlich gemeinsam mit seinem Vater entwickelte, war genial. Luis Alvarez war Nobelpreisträger für Physik und kam auf die Idee, im Gestein nach dem Edelmetall Iridium zu suchen. Dieses Element ist in der Kruste der Erde enorm selten, da es noch während der Entstehung des Planeten tief in den Kern der Erde hineingesunken ist. Man findet es heute daher an der Oberfläche so gut wie gar nicht mehr. Aus geologischen Untersuchungen von Meteoriten weiß man aber, dass es in Asteroiden sehr häufig ist. Die Felsbrocken im All waren nie an der Bildung von Planeten beteiligt, sind nie aufgeschmolzen worden: Ihre Bestandteile liegen daher immer noch so vor, wie sie

* Auch wenn das Erdzeitalter des Tertiär mittlerweile in „Paläogen" umbenannt wurde und die Grenzschicht dazwischen eigentlich K/P-Linie genannt werden sollte, wird heute meistens immer noch der alte Name „K/T-Linie" oder „K/T-Grenze" verwendet.

sich vor 4,5 Milliarden Jahren bei der Entstehung des Sonnensystems zusammengefunden haben.

Wenn man also auf der Oberfläche der Erde irgendwo große Mengen an Iridium findet, dann muss es aus außerirdischen Quellen stammen. Dabei dachten Vater und Sohn Alvarez aber weniger an große Asteroideneinschläge als an den beständigen „Regen“ aus kosmischem Staub. Im All gibt es ja nicht nur meter- und kilometergroße Felsbrocken, sondern auch viele mikroskopisch kleine Staubkörnchen, die ständig mit der Erde kollidieren. Wegen ihrer geringen Größe verglühen sie dabei aber nicht, sie schweben unversehrt zu Boden. Die Rate des Staubregens aus dem All sollte im Laufe der Jahrtausende einigermaßen konstant sein und daher auch eine konstante Menge an Iridium auf die Erde gelangen.

Wenn man wüsste, so Luis Alvarez, wie viel Iridium sich in der K/T-Grenze befindet und wie viel Iridium pro Jahr auf die Erde regnet, könnte man daraus berechnen, wie lange es dauerte, bis sich die Schicht abgelagert hat. Die konkrete Umsetzung der Messung war schwierig, da die Mengen an Iridium wirklich winzig waren. Alvarez musste gemeinsam mit seinen Kollegen Frank Asaro und Helen Michels erst ganz neue Mess- und Analysetechniken entwickeln, aber 1980 hatte man endlich die Ergebnisse. Und die waren äußerst überraschend.

Man rechnete mit einem Iridium-Anteil von etwa 4 Milliardstel Prozent. Das hätte der üblichen Menge von Iridium in der Erdkruste entsprochen. Tatsächlich maß man in der K/T-Schicht aber einen bis zu 30 Mal höheren Anteil von Iridium! Die Forscher um Alvarez untersuchten neben den italienischen Proben auch Gestein aus Dänemark und fanden dort sogar einen Iridium-Anteil, der den erwarteten Wert um das 160-Fache überstieg. Vor 65 Millionen Jahren mussten enorm große Menge an Iridium auf die Erde gelangt sein, und zwar so, dass sich das Metall überall auf der Erde in der K/T-Schicht ablagern konnte.

Der Dinokiller

Für Luis und Walter Alvarez war klar: Damals musste ein großer Asteroid auf der Erde eingeschlagen sein. Der übliche Staubregen aus dem All konnte für diese Iridium-Anomalie nicht verantwortlich sein. Ihren Berechnungen zufolge brauchte es schon einen Felsbrocken mit mehr als 10 Kilometer Durchmesser, um die vorhandene Menge an Iridium zu erklären. Und damit schien auch klar, welches Ereignis für das Aussterben der Dinosaurier* verantwortlich war: ein Asteroideneinschlag.

Ein kleiner Asteroid wie zum Beispiel der, der im Februar 2013 über Tscheljabinsk explodierte, kann keinen globalen Schaden anrichten. Er erreicht ja noch nicht mal intakt den Erdboden, um dort einen Krater zu schlagen. Dafür müsste er – je nach Zusammensetzung – schon mindestens 50 Meter durchmessen. Und selbst dann ist die Zerstörung nur auf ein begrenztes Gebiet beschränkt. Das ändert sich erst, wenn der Himmelskörper zwischen 500 und 1000 Meter groß ist (wieder hängt die genaue Größe von der Zusammensetzung des Asteroiden ab). Bei solch großen Felsbrocken ist es völlig egal, wo auf der Erde der Einschlag stattfindet. Es ist auf jeden Fall der ganze Planet betroffen.

Asteroiden treffen mit Geschwindigkeiten von bis zu einigen Dutzend Kilometer pro Sekunde auf die Oberfläche der Erde. Beim Zusammenprall wird die gewaltige Menge an Bewegungsenergie schlagartig freigesetzt, und die resultierende Explosion erzeugt einen großen Krater. Dabei spielt es auch keine große Rolle, ob der Einschlag an Land oder im Meer stattfindet. Das bisschen Wasser kann einen kilometergroßen Asteroiden kaum

* Die Dinosaurier sind zwar das prominenteste Opfer des Massensterbens vor 65 Millionen Jahren, aber bei weitem nicht das einzige. Viele Arten starben damals aus, unter anderem auch Säugetiere. Und zu den überlebenden Arten gehörten auch einige Dinosaurier.

bremsen. Die Ozeane, die selbst selten mehr als 3 bis 4 Kilometer tief sind, stellen für die Asteroiden kaum mehr als einen dünnen Wasserfilm auf der Gesteinskruste unseres Planeten dar.

Beim Einschlag würde eine gewaltige Hitze- und Druckwelle sofort alles Leben im Umkreis von bis zu tausend Kilometern auslöschen. Erfolgt der Einschlag im Meer, kommt dazu die Zerstörung durch riesige Tsunami-Wellen, die sich an allen Küsten weit ins Landesinnere hineinwälzen. Bei der Bildung des Kraters werden große Mengen an Gesteinsbrocken und Staub hoch in die Luft geworfen. Das geschieht mit solch hohen Geschwindigkeiten, dass ein Teil der Brocken das Schwerefeld der Erde verlässt und hinaus ins All geschleudert wird. Die überwiegende Mehrheit der Trümmerstücke fällt aber im Verlauf der nächsten Tage zurück auf die Erde. Es kann also überall auf der Erdoberfläche zu weiteren Einschlägen kommen. Die große Anzahl an kleineren Bruchstücken, die nun zurück auf den Boden fallen beziehungsweise in der Luft verglühen, heizt die Atmosphäre sehr stark auf. Kurzfristig steigen die Temperaturen auf lebensfeindliche Werte, und Lebewesen, die nicht unter der Wasseroberfläche oder in unterirdischen Bauten geschützt sind, haben es schwer, den globalen Hitzeschock zu überleben.

In der Zwischenzeit hat sich auch der Staub in der oberen Atmosphäre über den ganzen Planeten verteilt und wie ein dunkler Vorhang über den Himmel gelegt. Für Wochen oder Monate wird nun das Licht der Sonne verdeckt. Eine lange, kalte Nacht lässt die Grundlage der Nahrungskette zusammenbrechen. Pflanzen und Meeresalgen, die auf Photosynthese angewiesen sind, sterben langsam ab. Die Pflanzenfresser finden immer weniger Nahrung, den Fleischfressern geht es nicht anders. Das Gestein, das bei der Kraterbildung verdampft ist, kann auch jede Menge Schwefel enthalten, der sich nun in der Luft befindet und für sauren Regen sorgt.

Ein großer Asteroideneinschlag ist ein wahrhaft apokalyptisches Ereignis und definitiv dafür geeignet, ein globales Massensterben zu verursachen, wie es vor 65 Millionen Jahren auf der Erde stattgefunden hat. Trotzdem waren die Wissenschaftler anfangs skeptisch, was die Erkenntnisse von Luis und Walter Alvarez anging. Das Iridium hätte ja zum Beispiel auch durch Vulkanausbrüche an die Erdoberfläche gelangt und die Dinosaurier hätten auf andere Art und Weise ausgestorben sein können. Und wenn tatsächlich ein 10 Kilometer großer Asteroid auf der Erde eingeschlagen war: Wo war der Krater?

Das schien tatsächlich der große Schwachpunkt an der Theorie von Alvarez und Alvarez zu sein. Ein 10 Kilometer großer Asteroid müsste einen über 100 Kilometer großen Krater geschlagen haben, den sollte man eigentlich noch sehen können. Das Problem mit Einschlagskratern ist die vergleichsweise schnelle Verwitterungsrate. Wind und Wetter erodieren Kraterwände im Laufe der Jahrmillionen. Vulkanausbrüche und die stetige Ablagerung von Sedimenten verdecken die Spuren von Einschlägen. Über 70 Prozent der Erdoberfläche sind von Wasser bedeckt, Krater am Boden des Ozeans nur durch langwierige Messungen von Schiffen aus zu finden – oder durch Satellitenmessungen, die damals aber noch nicht in dem Ausmaß durchgeführt wurden, wie es heute der Fall ist.

Mittlerweile hatte man die Iridium-Anomalie nicht mehr nur im Gestein aus Italien und Dänemark festgestellt, sondern überall auf der Erde gemessen. Wenn sie wirklich von einem Asteroideneinschlag verursacht worden ist, dann sollte die K/T-Schicht umso dicker sein und umso mehr Iridium enthalten, je näher sie sich am eigentlichen Einschlagsort befindet. Man fand auch tatsächlich Unterschiede in der Dicke, die auf einen Impakt irgendwo in Mittelamerika hindeuteten – aber da gab es keinen Krater. Das dachten zumindest Walter Alvarez und der Großteil der restlichen Wissenschaftler. In Wahrheit war schon seit den 1940er Jahren bekannt, dass sich in Mexiko eine seltsame geologische Anomalie befand. Sie wurde von Mitarbeitern der staatlichen mexikanischen Erdölgesellschaft bei Probebohrungen auf der Halbinsel Yucatan entdeckt. Man hoffte, dass sich dort eine Erdöllagerstätte befand, entdeckte aber nur seltsames Gestein, das zur damaligen Zeit nicht als das erkannt wurde, was es war: ein Hinweis auf einen Asteroideneinschlag.

In der Mitte des 20. Jahrhunderts hatten sich die Geologen noch kaum mit der Geologie von Impakten und Einschlagskratern beschäftigt, und Eugene Shoemaker würde seine Entdeckungen erst in den nächsten Jahren machen (siehe Kapitel 1). Es dauerte bis 1981, bevor zwei mexikanische Geologen auf einem Kongress die Vermutung äußerten, dass die Anomalie auf der Yucatan-Halbinsel ein Einschlagskrater sein könnte. Sie wurden allerdings kaum beachtet, und es dauerte weitere 10 Jahre, bis Luis und Walter Alvarez auf die Daten aufmerksam wurden und sie mit der Iridium-Anomalie in Verbindung brachten. Gesteinsproben waren schwer aufzutreiben, ironischerweise war es schließlich ein Felsbrocken, den ein Mitarbeiter der mexikanischen Erdölgesellschaft jahrelang als Briefbeschwerer verwendet hatte, der zum Durchbruch verhalf. Damit konnte man nachweisen, dass es sich um Gestein handelte, das bei einem Einschlag verformt worden war, vor 65 Millionen Jahren.

Heute hat man den unterirdischen Krater in Mexiko genau vermessen. Unter mehreren hundert Meter dicken Sedimentschichten liegt ein knapp 200 Kilometer durchmessender Einschlagskrater. In der Umgebung des Kraters hat man weitere Hinweise auf die Katastrophe gefunden, die damals stattgefunden haben muss (zum Beispiel Minerale wie das von Shoemaker beschriebene Coesit und Ablagerungen, die von einem gewaltigen Tsunami stammen). Auch aus dem All hat man den Krater mittlerweile vermessen können. Heute zweifelt niemand mehr daran, dass vor 65 Millionen Jahren ein großer Asteroid auf der Erde einschlug.

Die Wissenschaftler stellten sich nun die Frage, ob so etwas auch in Zukunft passieren könnte und wenn ja, wie wahrscheinlich solche Ereignisse sind. Um diese Frage beantworten zu können, muss man wissen, wie oft Asteroiden in der Vergangenheit mit der Erde zusammengestoßen sind und wie viele Objekte noch im All herumschwirren. Der erste Punkt ist schwer zu beantworten, wenn man nur die Erde betrachtet. Denn hier sorgen Wind und Wetter dafür, dass die Krater im Laufe der Zeit verschwinden. Außerdem ist die Oberfläche unseres Planeten ständig im Wandel (siehe Kapitel 3): Die Kontinente driften langsam umher und kollidieren miteinander. Teile der Erdkruste, die früher einmal am Boden eines Ozeans lagen, werden zu Gebirgen aufgefaltet oder verschwinden wieder im Inneren der Erde, wo das Gestein aufgeschmolzen wird, bevor es anderswo als Lava wieder an die Oberfläche tritt, um neuen Erdboden zu bilden. Länger als ein paar hundert Millionen Jahre hält auf der Erde kein erkennbarer Krater durch.

Aber zum Glück haben wir ja auch noch unseren Nachbarn, den Mond. Er ist zu klein und darum zu schnell abgekühlt, um tektonische Aktivität zu zeigen. Seine Oberfläche liegt starr und unveränderlich da, und fast jeder Krater, den er im Laufe der Zeit erhalten hat, ist heute noch zu sehen. Dort gibt es auch keine Atmosphäre und damit auch kein Wetter, das die Krater erodieren ließe. Auch kleine Asteroiden, die auf der Erde durch die Lufthülle gebremst und zerstört würden, können ungehindert auf der Mondoberfläche einschlagen und ihre eigenen kleinen Krater schlagen. Auf dem Mond können wir also in Ruhe die Krater zählen und so einen Überblick über die Asteroidenaktivität in unserem Teil des Sonnensystems bekommen.

Eine weitere, wenn auch für die Allgemeinheit etwas unzuverlässige und schwer zugängliche Informationsquelle über Asteroideneinschläge sind militärische Daten. Die Armeen der Welt sind zwar nicht unbedingt daran interessiert, mehr über Asteroiden und Kometen herauszufinden. Aber sie wollen wissen, ob andere Länder im Geheimen Experimente mit großen (Atom-)Bomben durchführen. Dazu betreiben sie Überwachungsstationen, die nach Lichtblitzen am Himmel suchen oder auf die Schallwellen starker Explosionen lauschen. Dabei gehen den militärischen Stationen zwangsläufig auch jede Menge kleinere Asteroidenkollisionen ins Netz. Ein Ereignis wie das in Tscheljabinsk schlägt zwar am Boden keinen Krater, aber es erzeugt einen hellen Lichtblitz und einen lauten Explosionsknall. In diesem Fall brach der Asteroid nahe genug am Boden auseinander und konnte so auch ohne militärische Überwachung registriert werden. Viele kleinere Felsbrocken schaffen es aber gar nicht so weit und explodieren hoch oben in der Atmosphäre. Dann merken nur die Instrumente des Militärs und der Wissenschaftler etwas davon.

Und schließlich gibt es ja auch noch die Astronomen, die Nacht für Nacht den Himmel nach bisher unbekannten Asteroiden absuchen. Man muss in diesem Fall auch gar kein hauptberuflicher Wissenschaftler sein; gerade bei der Suche nach Kometen und Asteroiden beteiligen sich viele Hobby-Astronomen, die regelmäßig neue Himmelskörper finden. Der Großteil der Entdeckungen wird aber mittlerweile von Satelliten und Weltraumteleskopen gemacht.

Anhand aller vorliegenden Daten schätzt man, dass von all den erdnahen Asteroiden, die größer als ein Kilometer sind (also die Objekte, die globale Katastrophen verursachen können), bisher schon mehr als 90 Prozent gefunden wurden. Mit den verfügbaren Daten können wir heute auch sagen, dass Katastrophen wie der Asteroideneinschlag vor 65 Millionen Jahren definitiv seltene Ereignisse sind. Im Durchschnitt kommt es ungefähr alle 600 000

Jahre zu einer Kollision mit einem Asteroiden, der größer als einen Kilometer ist. Mit 10-Kilometer-Brocken wie dem Dino-Killer muss man nur alle 50 Millionen Jahre rechnen. Kleinere Ereignisse wie das in Tscheljabinsk sind natürlich häufiger, da es viel mehr kleinere Felsbrocken gibt. Im Durchschnitt passiert so etwas alle 50 Jahre.

Aber auch wenn die kleinen Himmelskörper kein globales Chaos anrichten können, sind sie deswegen nicht ungefährlich. Der Asteroid von Tscheljabinsk brach hoch genug in der Atmosphäre auseinander, um am Boden nur die Fensterscheiben zerspringen zu lassen. Wäre er nur ein bisschen größer gewesen, wäre er erst näher an der Erdoberfläche explodiert, und anstatt der Fenster wären in der Millionenstadt im Ural die Häuser eingestürzt.

Tunguska

Was in so einem Fall passiert, konnte man im Jahr 1908 in Sibirien beobachten. Beziehungsweise man hätte es beobachten können, wenn sich das Ereignis nicht in der menschenleeren Taiga abgespielt hätte. Nur ein paar Händler und sibirische Ureinwohner befanden sich am Morgen des 30. Juni 1908 in der Region. Die Menschen im Handelsposten Wanawara, der sich knapp 65 Kilometer vom Ort des Ereignisses befindet, sahen ein helles Licht über dem fernen Wald und „den Himmel in zwei brechen". Die Taiga schien in Flammen zu stehen, und ein kaum zu ertragender heißer Wind fegte über die kleine Siedlung hinweg. Darauf folgte ein ohrenbetäubender Donner. Eine Schockwelle schleuderte die Menschen mehrere Meter durch die Luft. Scheiben sprangen aus den Fenstern der Hütten, und Türen wurden eingedrückt.

Der laute Knall und das helle Licht waren auch noch Hunderte

Kilometer weit entfernt zu hören und zu sehen, und überall in Europa und Asien schlugen die Seismometer aus. Selbst in Deutschland konnten die Wissenschaftler das Ereignis registrieren. Aber was in Sibirien wirklich passiert war, wusste keiner. Die Explosion fand nahe der „Steinigen Tunguska“ statt, einem Nebenfluss des Jenissei, und lag komplett abseits jeder Zivilisation. Der Erste Weltkrieg und die russische Oktoberrevolution machten Expeditionen in die Gegend unmöglich. Erst 1927 gelang es dem Wissenschaftler Leonid Kulik, bis zum Ort der Explosion vorzudringen.

Er erwartete, einen großen Einschlagskrater zu finden – entdeckte aber stattdessen eine völlig zerstörte Taiga. Auf einer Fläche von knapp 2000 Quadratkilometern (mehr als doppelt so groß wie das gesamte Stadtgebiet von Berlin) waren sämtliche Bäume entwurzelt oder geknickt worden. Kulik schätzte, dass mindestens 60 Millionen Bäume durch die Explosion geschädigt wurden. Ein Krater oder Überreste eines Asteroiden konnten aber auch bei nachfolgenden Expeditionen nirgendwo entdeckt werden.

Die fehlenden Einschlagsspuren führten im Laufe der Zeit zu immer absurder werdenden Spekulationen über die Ursache der Explosion von Tunguska. Der amerikanische Astronom Lincoln LaPaz vermutete im Jahr 1941 beispielsweise, dass der Impakt eines Klumpens Antimaterie für die Zerstörung in Sibirien verantwortlich gewesen sein könnte. Andere Wissenschaftler spekulierten in den 1970er Jahren, dass die Katastrophe durch die Kollision der Erde mit einem kleinen schwarzen Loch verursacht worden sein könnte (das müsste dann allerdings die Erde komplett durchquert haben, und es gibt keinen Hinweis auf ein entsprechendes Austrittsereignis, das im Nordatlantik stattfinden hätte müssen). Andere, noch abseitigere Erklärungen machten den Absturz eines außerirdischen Raumschiffs oder ein missglücktes wissenschaftliches Experiment für die Zerstörung verantwortlich. Mittlerweile hatten neue Expeditionen in Tunguska aber auch mikroskopisch kleine Partikel gefunden, die einen erhöhten Nickel- und Eisenanteil aufwiesen. Das ist typisch für die Zusammensetzung von Asteroiden und Kometen und war der erste konkrete Hinweis darauf, dass es sich beim Tunguska-Ereignis um einen Asteroideneinschlag handelte.

Heute wird allgemein davon ausgegangen, dass im Jahr 1908 über der sibirischen Taiga genauso ein Airburst stattgefunden hat wie im Jahr 2013 über Tscheljabinsk. Allerdings war der Asteroid damals ungefähr 60 Meter groß und explodierte in einer Höhe von nur 5 bis 10 Kilometer. Die Energie entsprach 10 bis 15 Megatonnen TNT-Äquivalent, war also ungefähr 1000 Mal so stark wie die der Atombombe von Hiroshima. Wäre er nicht über der menschenleeren Taiga explodiert, sondern über dicht besiedeltem Gebiet, hätte der Asteroid problemlos eine Stadt wie Berlin oder Paris zerstören können.

Zum Glück ist der Großteil der Erde nicht dicht besiedelt, und Airbursts wie in Tunguska sind selten. Aber sie finden statt und werden auch in Zukunft stattfinden. Dann wäre es gut, wenn wir schon vorher Bescheid wüssten, was auf uns zukommt. Das ist aber gar nicht so einfach, denn dazu muss man einen Asteroiden nicht nur rechtzeitig entdecken, sondern auch seine Bahn genau genug berechnen.

Die Zukunft vorhersagen

Die Schwierigkeiten der Bahnbestimmung zeigten sich ja schon bei Ceres, dem ersten bekannten Asteroiden. Kurz nach seiner Entdeckung im Jahr 1801 verloren ihn die Astronomen wieder aus den Augen, weil seine Bahn nicht gut genug bekannt war. Erst Carl Friedrich Gauß konnte mit seiner neu entwickelten Methode zur Berechnung der Bahnen von Himmelskörpern den Astronomen sagen, wo sie Ceres suchen mussten. Heute müssen wir zwar nicht mehr selbst rechnen, wir haben Computer, die das für uns erledigen. Trotzdem lassen sich die Bahnen von Asteroiden nicht beliebig genau vorhersagen.

Das liegt einerseits an der Natur selbst. Sobald sich mehr als zwei Himmelskörper gegenseitig durch ihre Gravitationskraft beeinflussen, ist ihre Bewegung nicht mehr für alle Zeiten exakt vorhersagbar (siehe dazu Kapitel 3). Man kann nur Näherungslösungen verwenden, und die wären auch gut genug, um die Bahnen zumindest für ein paar Jahrhunderte oder Jahrzehnte im Voraus zu berechnen. Aber leider sind da noch die Fehler, die wir Menschen bei der Beobachtung der Asteroiden machen. Die berechnete Bahn kann nur so genau sein, wie es die Beobachtungsdaten sind, auf denen die Berechnung basiert. Und egal, wie gut und groß unsere Teleskope sind, und egal, wie viel Mühe sich die Astronomen bei ihrer Arbeit geben: Am Ende hat jede Beobachtung und jede Messung immer einen kleinen Fehler.

Kein wissenschaftliches Instrument kann beliebig genau arbeiten, keine Kamera kann den Himmel vollkommen exakt abbilden. Es gibt immer kleine Störungen. Luftunruhen in der Atmosphäre der Erde verursachen unscharfe Bilder, die lichtempfindlichen Chips in den digitalen Kameras der Astronomen können nur mit einer bestimmten Auflösung arbeiten und Teleskope nur eine bestimmte Menge an Licht einfangen. Die erhaltenen Daten sind immer mit einem Fehler behaftet, den man durch sorgfältige Arbeit und hochwertige Technik kleinhalten, aber nie völlig eliminieren kann.

Wird ein neuer Asteroid am Himmel entdeckt, lässt sich seine Bahn also nicht eindeutig bestimmen. Anstatt eine einzige klare Linie zu erhalten, entlang derer sich der Himmelskörper bewegt, kann man nur einen Korridor berechnen, in dem sich der Asteroid auf jeden Fall aufhalten muss. Dieser Korridor wird umso schmaler, je genauer und zahlreicher die Daten sind, und Daten zusammenzutragen dauert normalerweise ein bisschen. Unmittelbar nach der Entdeckung des Asteroiden hat man meist nur wenige Beobachtungen zur Verfügung, aus denen sich eine Bahn berechnen lässt. Entsprechend ungenau ist auch das Ergebnis. Erst weitere und bessere Beobachtungen können den Bahnkorridor des Asteroiden schmaler werden lassen. Das führt dazu, dass es bei vielen neu entdeckten Himmelskörpern am Anfang so aussehen kann, als würden sie auf der Erde einschlagen, obwohl in Wahrheit keine Gefahr besteht.

Damit die Erde mit einem anderen Himmelskörper zusammenstoßen kann, reicht es nicht, dass sich die beiden Bahnen überkreuzen. Planet und Asteroid müssen auch noch zur gleichen Zeit am gleichen Ort sein. Die Position eines Asteroiden lässt sich aber eben nicht exakt angeben, sondern nur ein bestimmter Bereich, in dem er sich auf jeden Fall aufhalten muss. Dieser Bereich ist umso größer, je größer die Fehler der Beobachtungsdaten sind, umso größer ist dann auch die Wahrscheinlichkeit, dass sich die Erde irgendwo in diesem Bereich befindet. In so einem Fall ist dann die *Kollisionswahrscheinlichkeit* des Asteroiden nicht gleich null, und zumindest prinzipiell wäre ein Zusammenstoß mit der Erde möglich. In der Praxis führen aber weitere Beobachtungen dazu, dass der Bereich der möglichen Aufenthaltsorte immer kleiner wird und die Erde irgendwann außerhalb davon liegt.

In den Boulevardmedien kann man regelmäßig von neu entdeckten Asteroiden und ihren Kollisionswahrscheinlichkeiten mit der Erde lesen. Übertrieben aufgeregt werden Zahlen präsentiert, die uns zeigen sollen, wie gefährlich der Felsbrocken im All ist. Distanzen im Weltall können wir Menschen aber ebenso schlecht intuitiv einschätzen wie Wahrscheinlichkeiten. Deswegen haben Astronomen im Jahr 1999 die „Turiner Skala" entwickelt.* Damit kann die Gefährlichkeit eines Asteroiden mit einer Zahl zwischen 0 und 10 einfach klassifiziert und ausgedrückt werden.

How bad is it? Die Turiner Skala

Der Wert auf der Turiner Skala wird von der rein mathematischen Kollisionswahrscheinlichkeit und der Größe des Asteroiden bestimmt. Objekte, die entweder sowieso nicht mit der Erde kollidieren können, weil sie definitiv an ihr vorbeifliegen, oder bei denen es völlig egal ist, ob sie mit uns zusammenstoßen oder nicht, weil sie zu klein sind, um Schaden anzurichten, gehören zur Klasse „0 (Keine Gefahr)". Der typische Fall eines Asteroiden, der kurz nach seiner Entdeckung wegen der noch zu ungenau bestimmten Bahn auf einem potenziellen Kollisionskurs mit der Erde sein könnte, fällt in die Klasse „1 (Normal)". Die offizielle Beschreibung dieser Klasse lautet: „Eine routinemäßige Neuentdeckung, für die ein Vorbeiflug vorhergesagt wird, der keine ungewöhnliche Gefahr darstellt. Die aktuellen Berechnungen ergeben, dass eine Kollision extrem unwahrscheinlich ist. Weitere Beobachtungen werden höchstwahrscheinlich zu einer Rückstufung in die Klasse 0 führen."

Ein wenig genauer hinsehen sollte man, wenn es sich um Asteroiden handelt, die zu den Klassen 2, 3 oder 4 gehören („Aufmerksamkeit der Astronomen erforderlich"). So werden Himmelskörper klassifiziert, deren Kollisionswahrscheinlichkeit bei ungefähr einem Prozent liegt. Auch hier ist davon auszugehen, dass bessere Beobachtungen zu einer Rückstufung in die Klasse 0 führen werden. Aber in diesem Fall wird in der Beschreibung noch angemerkt: „Falls die Begegnung weniger als ein Jahrzehnt

* Benannt nach einer Konferenz in Turin, Italien, wo die Astronomen einen Vorschlag des Amerikaners Richard Binzel modifizierten und veröffentlichten.

entfernt ist, verdient sie Aufmerksamkeit der Öffentlichkeit und von offizieller Seite." Asteroiden in diesen Klassen sind aber kein Grund für Panik – der Hinweis auf die Aufmerksamkeit der Öffentlichkeit und offiziellen Stellen ist nur eine Aufforderung, möglichst viele neue Beobachtungen von Astronomen einzuholen beziehungsweise in solchen Fällen auch mal Weltraumteleskope oder Raumsonden einzusetzen, um die Bahn des Asteroiden mit großer Exaktheit zu bestimmen. Je schneller die Astronomen reagieren, desto eher kann man wieder Entwarnung geben.

Schon unangenehmer wären Asteroiden der Klassen 5, 6 oder 7. Sie werden ganz offiziell als „Bedrohlich" eingestuft. Es handelt sich dabei um Objekte, die einerseits groß genug sind, um lokale bzw. globale Zerstörung auf der Erde hervorzurufen, und andererseits eine sehr hohe Kollisionswahrscheinlichkeit haben. Bei ihnen kann nicht mehr unbedingt damit gerechnet werden, dass bessere Beobachtungen zu einer Rückstufung in die Klasse 0 führen. In der Beschreibung der bedrohlichen Klassen 5, 6 und 7 wird zu einer staatlichen bzw. internationalen „Notfallplanung" geraten, um gerüstet zu sein, falls es tatsächlich zu einer Katastrophe kommt.

Sollte ein Asteroid aber auf der Turiner Skala mit einer 8, 9 oder 10 klassifiziert werden, ist Panik eventuell tatsächlich angebracht. Denn in diesem Fall ist die Kollision keine Frage der Wahrscheinlichkeit mehr, sondern steht definitiv fest. Solche Asteroiden befinden sich auf jeden Fall auf Kollisionskurs, daran können keine weiteren Beobachtungsdaten etwas ändern. Die Frage ist nur noch, ob der Einschlag nur lokale (Klasse 8), regionale (Klasse 9) oder globale (Klasse 10) Zerstörung hervorrufen wird.

Der Asteroid, der vor 65 Millionen Jahren für das Ende der Dinosaurier gesorgt hat, wäre definitiv mit einer 10 auf der Turiner Skala zu klassifizieren gewesen. Der Airburst über Tunguska hat nur lokale Zerstörung verursacht und fällt in die Klasse 8 der Turiner Skala. Ob man den Meteor von Tscheljabinsk aus dem Jahr 2013 nun als eine 8 oder eine 0 klassifizieren soll, ist Ansichtssache. Einerseits ist ein Teil des Objekts tatsächlich eingeschlagen, was die Klasse 8 rechtfertigen würde. Andererseits war er klein genug, um ihn zur Klasse 0 zu zählen. Hätte man den Asteroiden schon vorab entdeckt, hätte sich wohl niemand übertrieben große Sorgen gemacht. Es ist auch sehr schwierig, die Folgen eines Airbursts exakt vorherzusagen, denn dazu müsste man genau wissen, woraus der jeweilige Asteroid besteht. Ein reiner Felsbrocken (oder gar einer der seltenen Metallasteroiden) kann sich dem Erdboden viel weiter nähern als ein Himmelskörper, der aus einer Mischung von Gestein und Eis besteht und schon deutlich früher auseinanderbricht.

Diese Details kann die Turiner Skala nicht abbilden – aber sie eignet sich trotzdem gut, einen Überblick über die Gefahr zu verschaffen. Verschiedene Institutionen klassifizieren regelmäßig die potenziell gefährlichen Asteroiden, und man kann die Werte auf der Turiner Skala für alle bekannten Himmelskörper im Internet nachlesen.* Wenn also wieder einmal irgendwo Schlagzeilen vor einem gefährlichen Asteroiden warnen, lohnt sich ein Blick in die Datenbanken der Astronomen. In den allermeisten Fällen handelt es sich dabei um Nullen und Einsen auf der Turiner Skala. Man hat bis jetzt überhaupt erst einen einzigen Asteroiden entdeckt, der nach seiner Entdeckung mit einer 4 klassifiziert werden musste: Apophis.

* Auf der „Risk Table“ der NASA unter http://neo.jpl.nasa.gov/risks/ oder auf der „Risk Page“ des von der ESA gesponserten NEODyS-Projekts unter http://newton.dm.unipi.it/neodys/.

Apophis – ewige Finsternis

Die böse ägyptische Schlange Apophis ist die Verkörperung von Finsternis, Chaos und Zerstörung und Gegenspielerin des guten Sonnengotts Re.* An Chaos und Zerstörung mussten auch die Wissenschaftler gedacht haben, als sie am 23. Dezember 2004 auf die Ergebnisse ihrer Rechnungen blickten. Der 375 Meter große Asteroid Apophis wurde schon am 19. Juni 2004 entdeckt. Seine Bahn war durch die ersten Beobachtungen nicht sonderlich gut bestimmt, doch am 21. Dezember 2004 flog Apophis in nur 14,4 Millionen Kilometer Entfernung an der Erde vorbei. Den Wissenschaftlern bot sich die Möglichkeit, neue Daten zu sammeln. Einen Tag vor Weihnachten waren die verbesserten Bahndaten schließlich ausgewertet, und die Ergebnisse waren bedrückend. Am 13. April 2029 würde Apophis der Erde sehr nahe kommen, die Wahrscheinlichkeit für eine Kollision lag bei knapp 0,4 Prozent.

Obwohl es kurz vor Weihnachten war, machten sich viele Astronomen (darunter nicht nur professionelle Wissenschaftler, sondern auch viele Hobby-Astronomen) daran, noch mehr Beobachtungsdaten von Apophis zu liefern. Man rechnete damit, dass passieren würde, was in so einem Fall meistens passiert: Je mehr Beobachtungsdaten man sammelt, desto geringer wird die Kollisionswahrscheinlichkeit, bis sie schließlich zurück auf null fällt. Doch schon am Nachmittag des 23. Dezember mussten die Wissenschaftler die Kollisionswahrscheinlichkeit aufgrund der neuen Daten auf 1,6 Prozent erhöhen und Apophis auf der Turiner Skala nach oben in Klasse 4 verschieben. Und je mehr neue Beobachtungen durchgeführt wurden, desto schlimmer schien es zu werden. Am 25. Dezember stieg die Kollisionswahrscheinlichkeit

* „Apophis" war übrigens auch der Name eines der bösen „Systemlords" aus der Science-Fiction-Fernsehserie „Stargate".

auf 2,4 Prozent, und nachdem man am 27. Dezember insgesamt 176 Beobachtungen des Asteroiden ausgewertet hatte, musste man die Wahrscheinlichkeit eines Zusammenstoßes noch mal nach oben korrigieren, auf nun schon 2,7 Prozent.

Das war tatsächlich besorgniserregend. Würde die Erde mit dem 375 Meter großen Himmelskörper zusammenstoßen, wäre das zwar kein Weltuntergang. Wir müssten nicht damit rechnen, das gleiche Schicksal wie die Dinosaurier zu erleiden. Die Kollision hätte jedoch eine zerstörerische Wirkung von 750 Megatonnen TNT-Äquivalent, was dem 50 000-Fachen der Atombombe von Hiroshima entspricht. Der Krater, den Apophis schlagen würde, wäre über 4 Kilometer groß, und ein Gebiet von über 200 Kilometern im Durchmesser wäre direkt betroffen. Bei einem Einschlag im Ozean würde ein gewaltiger Tsunami entstehen, mit bis zu 100 Meter hohen Wellen. Die Zerstörung wäre zwar nur regional, da Apophis zu klein ist, um ausreichend Staub in die Atmosphäre zu schleudern, um ein globales Massensterben auszulösen. Aber der Einschlag würde als eine der größten Naturkatastrophen in die Geschichte der Menschheit eingehen.

Zum Glück fand man noch am Nachmittag des 27. Dezember Bilder von Apophis, die vor der eigentlichen Entdeckung gemacht worden waren. Solche „precoveries" kommen recht oft vor, denn es ist unmöglich, all die Lichtpunkte einzeln zu identifizieren, die sich auf einer typischen astronomischen Aufnahme finden. Meistens interessieren sich die Astronomen nur für ein ganz bestimmtes Objekt, und die ganzen anderen Lichtpunkte werden ignoriert. Wenn dann aber zum Beispiel ein neuer Asteroid entdeckt wird, kann man seine vermutliche Bahn auch für die Vergangenheit berechnen und nachsehen, ob früher schon mal irgendein Astronom zufällig genau die Gegend des Himmels fotografiert hat, in der sich der Asteroid damals aufhielt. Mit etwas Glück findet man auf diesen Aufnahmen irgendwo im Hintergrund tatsächlich ein Bild des Himmelskörpers und kann es benutzen, um die Bahnbestimmung zu verbessern.

Mit diesen neuen alten Daten waren die Astronomen nun endlich in der Lage, die Bahn von Apophis genau genug zu bestimmen – und konnten eine Kollision im Jahr 2029 ausschließen. Es bestand allerdings immer noch eine kleine Chance, dass der Asteroid im Jahr 2036 bei seiner nächsten Annäherung an die Erde mit uns zusammenstößt. Für die nahe Begegnung im Jahr 2029 konnte man Apophis nun zwar mit 0 einstufen; für das Jahr 2036 blieb es allerdings eine 1. Die Kollisionswahrscheinlichkeit war gering, aber vorhanden. Im Jahr 2013 lieferten dann jedoch Beobachtungen des europäischen Weltraumteleskops Herschel den endgültigen Nachweis dafür, dass Apophis ungefährlich ist. In diesem Jahrhundert wird er die Erde definitiv nicht mehr treffen. Und wenn er im Jahr 2029 in knapp 31 000 Kilometer Entfernung an der Erde vorbeifliegen wird, müssen wir uns keine Sorgen machen. Stattdessen können wir die einmalige Gelegenheit nutzen und einen Asteroiden mit bloßem Auge am Himmel sehen.*

Apophis wird nicht mit der Erde kollidieren. Aber irgendwann wird einer der vielen anderen Felsbrocken mit uns zusammenstoßen. Die Frage ist nicht, ob das passieren wird, sondern wann. Werden wir rechtzeitig Bescheid wissen, um uns darauf vorbereiten zu können? Und: Können wir dann überhaupt irgendetwas tun, um den Einschlag zu verhindern? Die gute Nachricht lautet: Ja, wir können etwas tun, um uns vor Asteroiden zu schützen. Wir müssen uns nur ein wenig mehr und intensiver mit der Raumfahrt beschäftigen, als wir es heute tun. Wenn wir dem Bombardement aus dem All etwas entgegensetzen wollen, dürfen

* Apophis wird eine scheinbare Helligkeit von knapp 3 Größenklassen erreichen und damit so hell erscheinen wie ein typischer Stern. Mehr als einen Lichtpunkt wird man aber trotz der großen Annäherung mit bloßem Auge nicht sehen können.

wir nicht einfach nur auf der Erde herumsitzen. Wir müssen uns auf den Weg in den Weltraum machen! Denn da draußen warten nicht nur Asteroiden auf uns, sondern auch noch einige andere Gefahren, die uns das Leben auf der Erde so richtig ungemütlich machen können.

Kapitel 3
Das ungemütliche Universum

Asteroiden und Kometen sind gefährlich. Sie gehören zwar nicht unbedingt zu den Gefahren, über die wir uns im Alltag Gedanken machen müssen. Aber in der Vergangenheit haben die kosmischen Kollisionen immer wieder großen Einfluss auf die Geschichte der Erde genommen und das Schicksal derer bestimmt, die auf ihr leben. Wenn wir die Zukunft der Menschheit langfristig sichern wollen, dann müssen wir dabei auch die Gefahr aus dem Weltall berücksichtigen. Gegen die Asteroiden lässt sich nämlich etwas unternehmen, wenn sie uns irgendwann einmal tatsächlich zu nahe kommen. Aber bevor wir uns mit den verschiedenen Abwehrmechanismen beschäftigen, sollten wir uns zuerst kurz ansehen, welche Gefahren aus dem Weltall unserem Planeten sonst noch so drohen.

Das Universum hat noch genügend andere Probleme für uns auf Lager, die wir früher oder später lösen müssen. Wir müssen uns nicht nur um die direkten Gefahren wie die Asteroiden kümmern, sondern auch um viel subtilere Einflüsse. Die anderen Planeten unseres Sonnensystems können für Störungen in der Bewegung der Erde sorgen, die sich auf unser Klima auswirken. Und das war für uns nicht immer so angenehm wie in der jüngeren Vergangenheit – und wird es auch nicht bleiben.

Lange Zeit haben wir die Erde ja für eine extra für uns geschaffene Welt gehalten. Wir Menschen waren die Krone der Schöpfung und dazu angehalten, uns die Erde untertan zu machen. Es war *unser* Planet, und wir hatten die Kontrolle. Solange wir uns gut und gottesfürchtig verhielten, sorgte der Schöpfer schon dafür, dass die Welt ein lebenswerter Ort bleibt, und sollte er sich doch einmal zu einer Apokalypse hinreißen lassen, würden wir danach zumindest alle im Paradies landen.

Um zu verstehen, welche kosmischen Unannehmlichkeiten uns drohen, müssen wir einen kurzen Ausflug in die Vergangenheit machen.

Die Pioniere der modernen Wissenschaft fanden zu Beginn des 17. Jahrhunderts heraus, dass die Erde keine Sonderstellung im Universum einnimmt. Die Arbeiten von Galileo Galilei, Johannes Kepler und Isaac Newton zeigten, dass sie nur ein ganz normaler Planet war, der mit anderen Planeten die Sonne umkreiste. Sie zeigten aber auch, dass wir dieses Universum *verstehen* konnten, und schufen die Grundlage dafür, die Vorgänge im All und auf der Erde zu berechnen und vorherzusagen.

Später folgten Geologen wie Charles Lyell und Biologen wie Charles Darwin, die herausfanden, dass die Welt deutlich älter ist als wir Menschen und die Menschen selbst nicht von Anfang an da waren, sondern sich erst im Laufe der letzten 200 000 Jahre zu dem entwickelt haben, was sie heute sind. Die Erde war nun unvorstellbar alt, und den größten Teil ihrer Vergangenheit hatte sie ohne Menschen verbracht. Sie war definitiv nicht extra für uns gemacht worden, und je mehr wir über die Erde herausfanden, desto ungemütlicher schien sie zu werden.

Die Welt als Uhrwerk

Da ist zum Beispiel die Sache mit dem Klima. Die frühen Geologen fanden überall auf der Erde Hinweise, dass sich ihre Oberfläche im Laufe der Zeit verändert. Auf den Gipfeln der heutigen Berge entdeckte man Fossilien von Meerestieren. Das Land war also früher Meer gewesen und das Meer Land. Im ewigen Eis der Antarktis fand man versteinerte Bäume, und dort, wo heute in Europa grüne Wiesen liegen, war früher ein dicker Eispanzer. Wo immer die Geologen auch einen Stein umdrehten, entdeckten sie Spuren, die darauf hindeuteten, dass die Welt im ständigen Wandel begriffen ist.

Heute haben wir einen guten Überblick über die Vergangenheit der Erde und wissen sehr gut, dass sie auch ein ziemlich unangenehmer Ort werden kann. Es ist noch kaum 10 000 Jahre her, dass das Polareis bis ins heutige Deutschland reichte und große Teile der Welt bedeckte. Eiszeiten gibt es auf der Erde immer wieder, und wenn man es geologisch genau nimmt, befinden wir uns gerade mitten in einer solchen, die nur mal kurz für ein paar zehntausend Jahre Pause macht.

Und wenn es auf unserem Planeten nicht zu kalt ist, dann wird es unangenehm warm. Damit ist jetzt nicht unbedingt der aktuelle Klimawandel gemeint, für den wir selbst verantwortlich sind. Auch ganz ohne Menschen hat sich das Klima auf der Erde immer wieder mal erwärmt, was allerdings nichts daran ändert, dass solche Veränderungen ungemütlich für uns sind, egal wodurch sie verursacht werden. Wenn das Eis auf dem Planeten schmilzt, steigt der Meeresspiegel und die Küstengebiete versinken. Die hohen Temperaturen verändern die Ökologie. Es lassen sich in der Geschichte der Erde immer wieder große Massensterben nachweisen, die vermutlich durch solche Klimaschwankungen verursacht worden sind.

Bevor die Wissenschaftler aber verstehen konnten, wieso sich die Bedingungen auf der Erde immer wieder so verändern können, mussten sie zuerst einmal lernen, wie unser Sonnensystem funktioniert. In der Antike und dem Mittelalter hatte man den Himmel zwar beobachtet und die Bewegung der Himmelskörper aufgezeichnet. Man war auch in der Lage, gewisse Muster und Zyklen zu erkennen, und konnte sogar in gewissem Maße Vorhersagen über die Bewegung der Planeten machen. Aber niemand verstand so richtig, was genau da vor sich ging.

Johannes Kepler, der im Jahr 1609 sein revolutionäres Buch *Astronomia Nova* veröffentlichte, war der Erste, der konkrete Regeln für die Bewegung der Himmelskörper angeben konnte. Nachdem er jahrelang die Beobachtungen seines Lehrers, des dänischen Astronomen Tycho Brahe, ausgewertet hatte, entdeckte er das, was wir heute als die drei Keplerschen Gesetze kennen. Das erste besagt, dass sich alle Planeten um die Sonne herum bewegen, und zwar nicht auf kreisförmigen Bahnen, wie man bis dahin immer dachte, sondern elliptischen.

Wenn die Bahnen nicht mehr kreisrund, sondern elliptisch langgestreckt sind, muss sich logischerweise auch der Abstand zwischen Planet und Sonne ändern. Mal ist ein Himmelskörper auf seiner Bahn der Sonne näher, mal ist er weiter weg. Keplers zweites Gesetz besagt, dass er umso schneller wird, je näher er der Sonne kommt. Auch diesen Effekt hatte man schon lange zuvor beobachtet, es aber versäumt, daraus die richtigen Schlüsse zu ziehen. Keplers drittes Gesetz schließlich besagt, dass ein Planet umso länger für eine Umrundung der Sonne braucht, je größer seine Bahn ist.

Mit diesen drei Gesetzen hatte Kepler zwar immer noch nicht die Ursache für die Bewegung der Himmelskörper gefunden, aber zumindest eine mathematische Beschreibung der Vorgänge im Sonnensystem geliefert. Den nächsten Schritt machte dann der große Isaac Newton ein paar Jahrzehnte später. Newton fand einen mathematischen Zusammenhang, mit dem sich die Kräfte zwischen allen Körpern beschreiben ließen, egal ob es sich um Planeten, Kanonenkugeln oder Äpfel handelte. Dass es so etwas wie eine Schwerkraft gibt, die dafür sorgt, dass Dinge zu Boden fallen, war damals natürlich bekannt. Aber Newton war der Erste, der nicht nur zeigen konnte, wie man diese Schwerkraft berechnen kann, sondern auch nachwies, dass die gleiche Kraft auch zwischen den Planeten wirkt und sie auf ihre Bahnen zwingt. Die Keplerschen Gesetze lassen sich direkt aus dem Newtonschen Gravitationsgesetz ableiten, und es sah so aus, als hätte man das Problem der Bewegung der Himmelskörper endgültig gelöst.

Isaac Newton hatte das Universum berechenbar gemacht. Mit seinen Formeln konnte man zu jedem Zeitpunkt bestimmen, welche Gravitationskräfte zwischen der Sonne und den Planeten wirken und wie diese Kräfte die Bahnen der Himmelskörper beeinflussen. In der Vorstellung der damaligen Zeit war das Sonnensystem zu einem fein abgestimmten Uhrwerk geworden, in dem sich die Planeten für alle Zeiten auf den von Newton vorgegebenen Bahnen bewegten. Das Universum war nicht mehr der göttlichen Willkür unterworfen, sondern voll und ganz vom Menschen beherrschbar. Im Prinzip konnte man *alles* wissen, wenn man nur genug Daten hätte, meinte der berühmte Mathematiker und Astronomie Pierre-Simon Laplace im Jahr 1814, als er sagte:

„Eine Intelligenz, die in einem gegebenen Augenblick alle Kräfte kennt, mit denen die Welt begabt ist, und die gegenwärtige Lage der Gebilde, die sie zusammensetzen, und die überdies umfassend genug wäre, diese Kenntnisse der Analyse zu unterwerfen, würde in der gleichen Formel die Bewegungen der größten Himmelskörper und die des leichtesten Atoms einbegreifen. Nichts

wäre für sie ungewiss, Zukunft und Vergangenheit lägen klar vor ihren Augen.“

Würde man also die Positionen und Geschwindigkeiten aller Objekte im Sonnensystem zu einem bestimmten Zeitpunkt kennen, müsste man nur noch die bekannten Naturgesetze benutzen und könnte daraus die Positionen und Geschwindigkeiten der Objekte für jeden beliebigen Zeitpunkt in der Zukunft vorhersagen. Laplace stellte sich eine „Weltformel“ vor, die keinen Raum mehr für Unsicherheiten lassen würde.

Die Entdeckung des Chaos

In einer Welt, in der sich die Erde auf der immer gleichen und durch die Naturgesetze vorherbestimmten Bahn um die Sonne bewegt, gab es natürlich auch keinen Grund, davon auszugehen, dass die Bewegung des Planeten irgendeinen Einfluss auf das Klima haben könnte. Aber es dauerte nicht mehr lange, bis man feststellte, dass Laplace’ Vision eines völlig vorherbestimmten Universums nicht korrekt war. Am Ende des 18. Jahrhunderts tauchte das Chaos in der Wissenschaft auf, und man begann zu lernen, dass dieses Chaos universell war – und unter anderem dafür verantwortlich, dass die Erde von Zeit zu Zeit zu einem unangenehmen Ort für Menschen werden kann.

Alles fing ganz harmlos an. Am 21. Januar 1889 feierte der schwedische König Oskar II. seinen 60. Geburtstag. Heute interessiert sich hauptsächlich die Klatschpresse für königliche Jubiläen, damals war es die wissenschaftliche Fachliteratur. Denn König Oskar stiftete anlässlich seines Geburtstags einen nicht geringen Geldpreis für diejenigen Wissenschaftler, die ein paar der drängenden mathematischen Fragen der damaligen Zeit beantworten konnten. Und zu diesen mathematischen Problemen gehörte auch eines, das aus der Astronomie stammte.

Man war zwar Ende des 19. Jahrhunderts noch immer fest davon überzeugt, dass Newtons Naturgesetze in der Lage waren, alles zu beschreiben, was im Universum passierte. Trotzdem hatte es noch keiner geschafft, diese Gesetze auch anzuwenden. Man wusste, dass die Schwerkraft die Bewegung der Planeten im Sonnensystem bestimmte. Man konnte die mathematischen Gleichungen, die diese Bewegung ausdrücken, problemlos aufschreiben. Aber niemand war fähig, die Gleichungen auch zu lösen. Die Mathematik der Planetenbewegung war zu kompliziert. Der königliche Preis sollte an die Person gehen, der das als Erster gelang.

Mit der gesuchten Lösung hätte man dann zumindest für unser Sonnensystem das realisiert, was Laplace sich vorgestellt hatte. Die Lösung würde die Position der Planeten zu jedem beliebigen Zeitpunkt in der Zukunft angeben, und man könnte exakt vorhersagen, wie sich unser Sonnensystem entwickeln würde. Und anfangs sah es so aus, als würde das auch tatsächlich gelingen. Der französische Mathematiker Henri Poincaré reichte einen 158-seitigen Beitrag ein, der zu beweisen schien, dass man Newtons Gleichung lösen konnte. Aber bevor der Preis verliehen werden konnte, musste die Arbeit natürlich noch geprüft werden. Prominente Mathematiker nahmen die Berechnungen genau unter die Lupe und entdeckten einige kleine Fehler, die Poincaré jedoch schnell korrigieren konnte. Er wurde zum Preisträger gekürt und die Arbeit zur offiziellen Veröffentlichung vorbereitet und gedruckt. Kurz bevor die Öffentlichkeit davon erfahren sollte, hatte der Herausgeber der mathematischen Fachzeitschrift *Acta Matematica,* in der Poincarés Arbeit erscheinen sollte, aber noch ein paar Unstimmigkeiten gefunden. Er bat Poincaré, sie zu klären.

Und der musste feststellen, dass es diesmal keine Kleinigkeiten waren. Poincaré musste sich eingestehen, dass er sich geirrt hatte, und zwar massiv. Er hatte die Gleichungen *nicht* gelöst. Und nicht nur das: Als er die Lösung doch noch zu finden versuchte, entdeckte er, dass man die Gleichungen niemals würde lösen können. Es war mathematisch unmöglich, sie zu lösen. Laplace' Vision von der absoluten Berechenbarkeit des Universums war falsch. Das Sonnensystem war kein Uhrwerk, das, einmal in Gang gesetzt, immer pünktlich und regelmäßig vor sich hin lief. Die Bahnen der Planeten waren nicht für alle Zeiten vorherbestimmt. Henri Poincaré hatte das Chaos entdeckt (und dafür dann doch noch den Preis des Königs bekommen) und festgestellt, dass manche Systeme so komplex sind, dass es keine Möglichkeit gibt, ihre Zukunft exakt vorherzusagen.

Man konnte zwar Gleichungen aufstellen, die solche Systeme beschreiben. Doch jeder Planet im Sonnensystem beeinflusst die Position jedes anderen Planeten durch seine Gravitationskraft, deren Stärke wiederum durch die Position der Planeten bestimmt wird: Dieses komplexe Wechselspiel der Kräfte war schlicht und einfach nicht lösbar.

Nichts hielt die Planeten davon ab, sich einfach irgendwie durch das Sonnensystem zu bewegen. Kein Naturgesetz hinderte sie daran, irgendwann miteinander zu kollidieren. Man hatte gehofft, dass die Lösung der Bewegungsgleichungen zweifelsfrei zeigen werde, dass das Sonnensystem für immer stabil sei. Nun musste die Frage nach der Stabilität der Planetenbahnen offen bleiben. Die Erde, unsere Heimat im All, war kein für alle Zeiten sicherer Ort mehr. Poincaré und die ihm nachfolgenden Mathematiker und Astronomen konnten zwar auch zeigen, dass unser Sonnensystem sich näherungsweise in einer stabilen Konfiguration befand und nicht damit zu rechnen ist, dass es in den nächsten paar Millionen Jahren ein katastrophales Ende findet. Aber in der ferneren Zukunft war alles möglich.

Doch lange bevor sich die Wissenschaftler Gedanken darüber machten, ob die Erde dereinst mit einem anderen Planeten kollidiert, fand ein anderer Forscher heraus, wie sich die Bewegung unseres Planeten auf die Lebensbedingungen auswirkt.

Das astronomische Klima

Milutin Milankovic wurde 1879 als ältestes von sieben Kindern im kroatischen Teil des damaligen österreich-ungarischen Kaiserreichs geboren. 1896 begann er in Wien mit einem Tiefbau-Studium und erforschte die Eigenschaft von Beton. Er arbeitete für eine Baufirma, die Staudämme, Brücken und Ähnliches errichtete, schrieb Fachartikel über betonverstärkte Säulen und die ideale Form von Wassertanks und war auf den ersten Blick kein Wissenschaftler, von dem man sich bahnbrechende Erkenntnisse erwarten würde. Aber 1909 wurde er Professor für angewandte Mathematik an der Universität Belgrad und begann sich für die Klimawissenschaften zu interessieren.

Milankovic wollte herausfinden, wie die Eiszeiten entstanden, die unseren Planeten immer wieder heimsuchten. Schon vor ihm hatten verschiedene Wissenschaftler einen astronomischen Einfluss auf das Klima der Erde vermutet, aber es gab noch kein vernünftiges mathematisches Modell, das diesen Einfluss beschreiben konnte. Milankovic machte sich daran, die vielen meteorologischen, geologischen und astronomischen Daten mit mathematischen Methoden zu bearbeiten und zu verknüpfen. Er wollte berechnen, wie sich die Menge der auf die Erde eintreffenden Sonnenstrahlung im Laufe der Zeit verändert und welche Auswirkungen das auf das Klima hat. Dazu musste er sich intensiv mit der Bewegung der Erde um die Sonne beschäftigen und vor allem mit den gravitativen Störungen der anderen Planeten, die die Erdbahn im Laufe der Zeit langsam veränderten.

Ein wichtiger Faktor, der die Menge der Sonneneinstrahlung bestimmt, ist natürlich der Abstand zwischen Erde und Sonne. Je weiter sich unser Planet von der Sonne entfernt, desto schwächer ist das eintreffende Sonnenlicht. Momentan ist die Bahn der Erde fast kreisförmig. Am sonnennächsten Punkt ihrer Bahn, dem sogenannten Perihel, beträgt der Abstand 147,1 Millionen Kilometer. Am sonnenfernsten Punkt, dem Aphel, sind es 152,1 Millionen Kilometer. Der Unterschied von 5 Millionen Kilometern ist zwar verglichen mit Alltagsdistanzen riesig, aber im kosmischen Maßstab vernachlässigbar gering.

In der Astronomie beschreibt man die Abweichung einer Planetenbahn von der perfekten Kreisform mit einer Zahl, die *Exzentrizität* genannt wird. Ist die Bahn exakt kreisförmig, ist auch die Exzentrizität gleich null. Je langgestreckter und elliptischer die Bahn, desto größer die Exzentrizität, die maximal den Wert 1 erreichen kann (in so einem Fall würde sich ein Himmelskörper gar nicht mehr auf einer Bahn um den Stern herum bewegen). Von den Planeten in unserem Sonnensystem hat Merkurs Bahn die größte Exzentrizität. Sie hat einen Wert von 0,2, was bedeutet, dass sein sonnennächster und sonnenfernster Punkt um 20 Prozent vom Mittelwert abweichen. Bei der Erde sind das nur 1,67 Prozent, die Exzentrizität beträgt daher 0,0167.

Aber nur weil das heute so ist, muss das nicht immer so bleiben – oder immer so gewesen sein. Henri Poincaré hat gezeigt, dass sich die Bahnen der Planeten im Laufe der Zeit im Prinzip beliebig verändern können. Momentan befinden wir uns in einer Phase, in der die Exzentrizität immer kleiner und die Bahn sogar noch kreisförmiger wird, als sie es schon ist. Aber sie kann auch anwachsen und einen Maximalwert von 0,06 erreichen. Milankovic fand heraus, dass die Exzentrizität der Erdbahn sich aufgrund der Störungen der anderen Planeten ca. alle 100 000 Jahre verändert. Im Laufe der Jahrhunderttausende pulsiert die Erdbahn regelrecht und wird mal kreisförmiger, mal elliptischer.

Ist die Erde gerade auf einer Bahn mit hoher Exzentrizität unterwegs, kann es zu größeren jahreszeitlichen Schwankungen kommen. Dieser Zyklus könnte, so dachte Milankovic, vielleicht auch mit den Klimaveränderungen auf der Erde zu tun haben.

Besonders wichtig für die Entwicklung des Klimas ist allerdings neben der Erdbahn, die nicht nur ihre Exzentrizität verändert, sondern auch insgesamt größer und kleiner werden kann, die Ausrichtung unseres Planeten. Die Achse, um die die Erde rotiert, steht nicht exakt senkrecht auf der Bahn, entlang der sie sich um die Sonne bewegt. Momentan ist die Drehachse um 23,4 Grad aus der Senkrechten geneigt. Und diese Neigung ist für die Jahreszeiten verantwortlich.

Die Schiefe der Erdachse sorgt dafür, dass während eines Umlaufs der Erde um die Sonne immer eine Hälfte unseres Planeten zur Sonne hin und die andere von ihr weg geneigt ist. Auf der zur Sonne geneigten Seite kann die Sonnenstrahlung unter einem steileren Winkel einfallen und mehr Energie zum Erdboden transportieren als auf der anderen Hälfte der Erde. Außerdem dauern Tage auf der zur Sonne geneigten Hälfte länger. Auf dieser Hälfte herrscht dann Sommer, und auf der anderen ist Winter. Ein halbes Jahr später hat sich die Situation umgekehrt, und wo zuvor Sommer war, ist nun Winter.

Wäre die Rotationsachse der Erde nicht geneigt, würde es auch keine Jahreszeiten geben. Und die Intensität der Jahreszeiten hängt davon ab, wie stark die Achse geneigt ist. Würde die Erde noch weiter kippen, wären die Winter kälter und die Sommer heißer als jetzt. Kippt sie weiter zurück in die Vertikale, würden sich die Unterschiede zwischen den Jahreszeiten abschwächen. Milankovic berechnete, dass die Gravitationskraft der anderen Planeten im Sonnensystem die Neigung der Erdachse im Verlauf von ungefähr 41 000 Jahren zwischen 22,1 und 24,5 Grad schwanken lässt, und zog auch diesen Zyklus als Ursache für mögliche Klimaschwankungen in Betracht.

Aber nicht nur die Neigung der Erdachse ändert sich im Laufe der Zeit, auch die Richtung, in die sie zeigt, ist nicht immer gleich. Momentan zeigt das nördliche Ende der Drehachse ziemlich genau auf den Polarstern, weswegen er ja auch benutzt werden kann, um herauszufinden, wo Norden ist. Vor ein paar tausend Jahren wäre der Polarstern kein guter Wegweiser gewesen. Im 3. Jahrtausend vor Christus mussten sich die Menschen am Stern Thuban orientieren, wenn sie wissen wollten, wo Norden ist, und in knapp zehntausend Jahren in der Zukunft wird die Erdachse auf den Stern Wega zeigen.

Der Grund für diese Veränderung liegt diesmal nicht nur im Einfluss der anderen Planeten, sondern auch in der Erde selbst. Sie ist keine perfekte Kugel, sondern durch die Fliehkraft der Rotation am Äquator ein wenig dicker. An diesem Äquatorwulst können die Gravitationskräfte von Mond und Sonne stärker ziehen als am Rest der Erde. Sie bringen sie daher bei ihrer Rotation ein wenig zum Taumeln. Im Verlauf von knapp 26 000 Jahren vollführt die Erdachse eine komplette Drehung und zeigt wieder in die gleiche Richtung wie zuvor. Am Ablauf der Jahreszeiten selbst ändert die Richtung, in die die Achse zeigt, nichts. Aber sie bestimmt, wann die Jahreszeiten während eines Erdumlaufs stattfinden. Momentan erreicht die Erde den sonnennächsten Punkt jedes Jahr im Januar, wenn bei uns auf der Nordhalbkugel tiefster Winter herrscht. Zurzeit spielt das auch keine große Rolle, da die Bahn sowieso fast kreisförmig und die Erde immer annähernd gleich weit von der Sonne entfernt ist. Aber die Situation kann sich ändern, und Milankovic erkannte, dass man all diese Zyklen gemeinsam betrachten muss, wenn man wirklich verstehen will, wie die Bewegung der Erde sich auf das Klima auswirkt.

Auf der Nordhalbkugel haben wir derzeit Winter, wenn die Erde der Sonne am nächsten ist, und Sommer, wenn sie der Sonne am fernsten ist. In knapp 11 000 Jahren wird sich das geändert haben. Dann wird der Winter auf der Nordhalbkugel stattfinden, wenn die Erde sich am weitesten von der Sonne entfernt hat, und der Sommer zur Zeit der größten Annäherung stattfinden. Das verstärkt die Jahreszeiten, die Winter werden kälter sein und länger dauern.

Die Dauer der Jahreszeiten ändert sich auch, wenn die Bahn der Erde exzentrischer wird, als sie es heute ist. Keplers zweites Gesetz der Planetenbewegung besagt, dass sich ein Planet umso langsamer bewegt, je weiter er von der Sonne weg ist. Auf einer kreisförmigen Bahn ist die Geschwindigkeit immer gleich groß. Auf einer Bahn mit großer Exzentrizität verbringt ein Planet mehr Zeit entfernt von der Sonne als in ihrer Nähe. Momentan ist der Unterschied nicht allzu groß. Zwischen dem Beginn des Herbstes im Jahr 2014 und dem Frühlingsanfang 2015 lagen 178 Tage; vom Frühlingsanfang 2015 bis zum Herbstbeginn 2015 sind es 187 Tage. Das Herbst/Winter-Halbjahr ist also nur wenig mehr als eine Woche kürzer als das von Frühling und Sommer. Als die Erdbahn aber in der Vergangenheit wesentlich exzentrischer war, war auch dieser Unterschied viel größer.

Wie es um das Klima tatsächlich bestellt ist, hängt davon ab, wie die verschiedenen Zyklen zusammenspielen. Wenn zum Beispiel die Exzentrizität der Erdbahn gerade sehr groß ist und gleichzeitig der Winter immer dann stattfindet, wenn sich die Erde fern der Sonne befindet, verstärken sich die Effekte. Nicht nur sind die Winter dann viel kälter, sie dauern auch noch wesentlich länger. Und wenn dann noch die Erdachse gerade so geneigt ist, dass mehr Sonnenstrahlung auf die Ozeane fällt, mehr Wasser verdunsten und damit auch in den Polargebieten mehr

Schnee fallen kann, können die Gletscher stark anwachsen. Auf unserem Planeten beginnt dann eine Eiszeit, die erst wieder zu Ende geht, wenn sich die Bahn der Erde weit genug verändert hat.

In den 1920er Jahren entwickelte Milutin Milankovic ein umfassendes mathematisches Modell all der verschiedenen astronomischen Einflüsse auf das Klima der Erde und versuchte, die Ergebnisse seiner Berechnungen mit den Beobachtungen der Geologen abzustimmen. Er war der Meinung, eine Erklärung für die Klimaschwankungen gefunden zu haben. Heute wissen wir, dass diese Milankovic-Zyklen zwar tatsächlich eine wichtige Rolle für das Klima auf der Erde spielen, aber nicht allein für sämtliche Veränderungen verantwortlich sind. Auch die Erde selbst hat einiges beizutragen.

Der Tanz der Kontinente

Zu den Wissenschaftlern, die in den 1930er Jahren die Ergebnisse von Milankovic aufgriffen, gehörten der deutsche Meteorologe Wladimir Köppen und sein Schwiegersohn, Alfred Wegener. Beide machten Milankovic weltweit bekannt – aber Wegener sollte selbst auch bald berühmt werden. Heute kennt man ihn weniger für seine meteorologischen und klimawissenschaftlichen Arbeiten als für seine Theorie der Kontinentalverschiebung.

Die Wissenschaftler wussten schon vor langer Zeit, dass sich bestimmte Regionen der Erde vertikal bewegen können. Man fand fossile Meereslebewesen hoch oben in den Bergen und viele andere geologische Spuren, die darauf hindeuteten, dass manche heute trockenen Gegenden immer wieder mal von Wasser bedeckt waren. Man ging davon aus, dass Kontinente im Meer versinken und wieder auftauchen konnten, und nutzte solche untergegangenen „Landbrücken" auch als Erklärung für botanische und zoologische Übereinstimmungen auf verschiedenen Kontinenten.

Denn Biologen und Botaniker hatten schon im 19. Jahrhundert bemerkt, dass man überall auf der Welt und weit voneinander entfernt Tiere und Pflanzen finden konnte, die doch eng miteinander verwandt zu sein schienen. Das war nur möglich, wenn zwischen den Kontinenten früher irgendeine Art von Kontakt bestanden hatte. Der englische Zoologe Philip Lutley Sclater entdeckte zum Beispiel sowohl in Ostafrika als auch in Indien Lemuren. Da er sich nicht erklären konnte, wie diese kleinen Halbaffen sowohl auf dem afrikanischen als auch dem asiatischen Kontinent existieren konnten, obwohl doch ein ganzer Ozean dazwischenlag, postulierte er die Existenz eines untergegangenen Kontinents, den er „Lemuria" nannte, eine Art Landbrücke zwischen Afrika und Asien, über die die Tiere sich ausbreiten konnten. Später soll der Kontinent dann vom Meer verschluckt worden sein.

Man fand aber auch Übereinstimmungen zwischen den Lebewesen auf allen anderen Kontinenten und musste entsprechend weitere heute versunkene Landbrücken bemühen, um auch diese Beobachtungen erklären zu können. Damals herrschte unter den Naturforschern noch der „Fixismus" vor, die Überzeugung, dass die Erde früher im Wesentlichen so strukturiert war, wie sie es heute ist. Die Kontinente und Ozeane hätten sich während der gesamten Geschichte der Erde nicht verändert. Man ging zudem davon aus, dass die Erde früher viel heißer war als heute und bei der Abkühlung langsam kleiner würde. Dieser Schrumpfungsprozess sollte ruckhaft verlaufen sein, wodurch es zur Bildung von Gebirgen kam und immer wieder Erdbeben verursacht wurden.

Es gab seit dem 17. Jahrhundert aber auch immer wieder wissenschaftliche Außenseiter, die die Möglichkeit von sich bewegenden Kontinenten in Betracht zogen. Vor allem die übereinstimmenden Küstenlinien von Westafrika und Südamerika brachten Wissenschaftler auf den Gedanken, es könnte sich dabei um einen auseinandergebrochenen Kontinent handeln.

Erst Alfred Wegener verschaffte der Idee der Kontinentalverschiebung jedoch größere Aufmerksamkeit. Als er am 6. Januar 1912 vor der Geologischen Vereinigung im Senckenberg-Museum von Frankfurt am Main das erste Mal über seine Hypothesen sprach, stieß er allerdings noch auf großen Widerstand. Die Kollegen hielten die Vorstellung von sich bewegenden Kontinenten für absurd, und das nicht ganz zu Unrecht. Denn Wegener war nicht in der Lage zu erklären, wie und warum sich die Kontinente bewegen sollten.

Auch wenn die Fachwelt vorerst noch sehr skeptisch blieb, bekam man in den folgenden Jahren immer mehr Probleme mit dem Fixismus. Wegener beschrieb die Auswirkungen, die das erst vor wenigen Jahren entdeckte Phänomen der Radioaktivität auf die Vorstellung einer sich abkühlenden und schrumpfenden Erde hatte. Die natürlich auftretenden radioaktiven Elemente wie zum Beispiel Uran musste es auch im Inneren der Erde geben. Und wenn sie dort zerfallen, setzen sie Wärme frei, die den Kern aufheizen und auf jeden Fall warm genug halten, um die Schrumpfungshypothese zur Erklärung der Gebirgsbildung zu widerlegen.

Und als das deutsche Forschungsschiff „Meteor“ von 1924 bis 1927 per Echolot die Tiefe des Atlantiks vermaß, stieß man auch hier auf eine Überraschung. Eigentlich hatte man die Entdeckung unterseeischer Gebirge erwartet, die von West nach Ost verlaufen, Überreste der versunkenen Landbrücken. Stattdessen entdeckte man einen riesigen Gebirgszug, der von Nord nach Süd verläuft: den mittelozeanischen Rücken.

Die Fachwelt war zwar noch immer nicht von Wegeners Theorie überzeugt. Aber mit dem Fixismus konnte es auch nicht weitergehen. Ein Umdenken fand erst in den 1960er Jahren statt. Mittlerweile hatte man den mittelozeanischen Rücken genauer untersucht und festgestellt, dass es dort jede Menge unterseeische Vulkane gab. Auf dem Meeresboden tritt ständig Lava aus und dringt aus dem Inneren der Erde nach oben, und die kann nicht einfach verschwinden. Würde sich die Lava einfach auftürmen, wäre der Atlantik irgendwann komplett von ihr bedeckt. Man stellte außerdem fest, dass die Gesteine am Meeresboden umso älter waren, je weiter sie vom mittelozeanischen Rücken entfernt waren. Das alles deutete darauf hin, dass der Meeresboden an den Unterwasservulkanen *auseinandergedrückt* wird. Am mittelozeanischen Rücken entsteht ständig neue Erdkruste, die zu beiden Seiten hin weggeschoben wird. Da die Erde aber im Laufe der Zeit nicht größer wird, muss im Gegenzug irgendwo auch wieder Erdkruste zerstört werden und verschwinden.

Das, so stellte man in den 1970er Jahren fest, geschah in den Tiefseegräben. Hier, an den tiefsten Stellen im Ozean, schiebt sich ein Teil der Erdkruste unter den anderen und wieder zurück ins heiße Innere der Erde. Die Erdoberfläche war also tatsächlich in Bewegung, und Kontinente standen nicht still.

Vor knapp 250 Millionen Jahren gab es noch keine einzelnen Kontinente, die durch Ozeane getrennt waren. Es gab nur eine einzige Landmasse und ein einziges Meer. Dieser Superkontinent, dem Wegener den Namen „Pangäa“ gab, begann vor ungefähr 135 Millionen Jahren langsam auseinanderzubrechen. Die Stücke drifteten voneinander fort und bildeten die einzelnen Landmassen, die wir heute sehen können.

Aber natürlich sind die Kontinente nicht stehen geblieben. Sie bewegen sich immer noch ein paar Zentimeter pro Jahr, also ungefähr mit der gleichen Geschwindigkeit, mit der unsere Fingernägel wachsen. So umstritten die Plattentektonik zur Zeit von Alfred Wegener auch war, so unbestritten ist sie heute. Mittlerweile können wir die Bewegung der Kontinente auch direkt messen und wissen ziemlich gut, was uns in Zukunft erwartet.

In knapp 20 Millionen Jahren wird sich Ostafrika vom Rest des Kontinents abspalten. Schon vor langer Zeit haben vulkanische Aktivitäten den Zerfall von Afrika eingeleitet, heute zieht sich von Äthiopien bis Mosambik der „Ostafrikanische Grabenbruch". Dort finden man viele inaktive und aktive Vulkane (darunter auch den Kilimandscharo, den höchsten Berg Afrikas) und andere seismische Aktivitäten. Aber nicht nur Afrika zerfällt. In Europa werden Portugal und Spanien ihren eigenen Weg gehen und sich vom Mutterkontinent lösen. Der Rest von Afrika wird in 40 Millionen Jahren immer weiter nach Norden gewandert sein und hat dann das ganze Mittelmeer verschwinden lassen. In Amerika löst sich Kalifornien vom Festland, und Grönland wandert zurück in den warmen Süden. In 80 Millionen Jahren hat die Kollision zwischen Afrika und Europa ein neues Gebirge erzeugt, Japan wird mit Australien zusammengestoßen sein und auch die Antarktis verlässt ihren Platz am Südpol. In etwa 250 Millionen Jahren wird es auf der Erde vermutlich wieder nur einen einzigen Superkontinent geben.

Es wird nicht der letzte sein, genauso wenig wie Pangäa der erste Superkontinent war. Alle paar hundert Millionen Jahre bilden sich Superkontinente und brechen wieder auseinander. Dieser „Wilson-Zyklus" (nach dem kanadischen Geologen John Tuzo Wilson) dauert zwar viel zu lange, als dass wir Menschen ihn direkt miterleben könnten. Früher oder später werden wir jedoch mit seinen Auswirkungen konfrontiert werden.

Denn das Klima der Erde wird nicht nur von der Sonne selbst und den Milankovic-Zyklen bestimmt. Auch die Konfiguration der Kontinente spielt eine wichtige Rolle. Ein Superkontinent hat im Vergleich zu vielen einzelnen Landmassen eine kürzere Küstenlinie. Das Landesinnere eines Superkontinents ist deutlich umfangreicher, und dort bilden sich im Laufe der Zeit große Trockengebiete (so wie etwa die Wüste Gobi im Innern des heutigen asiatischen Kontinents). Während die Welt heute voller fruchtbarer Küstenregionen mit regelmäßigen Regenfällen ist, gibt es auf einem Superkontinent tendenziell weniger Regionen, in denen es sich „gut leben“ lässt.

Auch die Meeres- und Windströmungen werden durch die Position der Landmassen verändert, und sogar die Zusammensetzung der Atmosphäre bleibt vom langsamen Tanz der Kontinente nicht unbeeinflusst. Man geht heute davon aus, dass die tektonischen Vorgänge auf der Erde für einige große Klimaveränderungen der Vergangenheit verantwortlich waren. Als sich zum Beispiel die heutige Antarktis vor ungefähr 150 Millionen Jahre von Australien trennte und Richtung Südpol wanderte, bildete sich eine kalte Meeresströmung um den Kontinent herum und die Antarktis kühlte ab. So entstanden die Voraussetzungen für die komplette Vereisung der Landmasse und das Einsetzen von Eiszeiten. Als sich vor knapp 20 Milliarden Jahren die Gebirge am Ostafrikanischen Grabenbruch immer weiter erhoben, konnten die Wolken irgendwann nicht mehr einfach von West nach Ost ziehen. In Ostafrika fehlte die Feuchtigkeit, und aus einem tropischen Regenwald wurde eine trockene Savanne. Eine Savanne, die nun von neugierigen Hominiden erforscht wurde, die sich dabei im Gegensatz zu ihren im Wald zurückgebliebenen Verwandten immer öfter aufrecht bewegten, was im flachen Grasland auch wesentlich praktischer war. Es ist kein Wunder, dass man in Ostafrika die meisten „Vormenschen“ gefunden hat. Hier sind wir entstanden, ohne die Plattentektonik gäbe es uns vielleicht gar nicht.

Aber genauso gut können die tektonischen Vorgänge uns auch wieder vernichten. Denn wenn Kontinente aufeinanderprallen, sich unter- und übereinanderschieben oder auseinanderbrechen, dann bleibt das nicht ohne Folgen. An den Plattengrenzen gibt es Erdbeben und jede Menge Vulkane. Und die können wirklich dramatische Auswirkungen auf das Klima haben.

Vulkane & andere Explosionen

Ein Vulkan entsteht dann, wenn Gestein aus dem Inneren der Erde an die Oberfläche gelangt. Schon knapp 100 Kilometer unter unseren Füßen herrschen Temperaturen von über 1000 Grad Celsius, durch die das Gestein dort plastisch verformbar wird. Flüssig oder geschmolzen ist es allerdings nicht, dafür ist der Druck dort unten zu groß. Dieses *Magma* sammelt sich im Laufe der Zeit an, und wenn der Druck irgendwann groß genug ist, steigt es durch Risse im Gestein nach oben. Dort, wo Kontinentalplatten aneinanderstoßen, ist das besonders leicht. Erst wenn der Druck in der Nähe der Erdoberfläche geringer wird, wird das Gestein tatsächlich flüssig.

Manchmal fließt das Magma, das „Lava“ genannt wird, sobald es die Erdoberfläche erreicht hat, nur langsam aus dem Vulkan. Manchmal kommt es zu einem gewaltigen Ausbruch, bei dem Glut und Gesteinsbrocken mit in die Luft geschleudert werden und große Zerstörungen anrichten können. Aber der Vulkanismus führt immer dazu, dass Asche und Schwefeldioxid in die Atmosphäre gelangen, und das kann sich auf das Klima auswirken.

Bei großen Ausbrüchen können sich durch den Vulkanismus Aerosole in der oberen Atmosphäre bilden, die verhindern, dass Sonnenlicht den Erdboden erreicht. Die feinen Partikel in der Luft absorbieren die Strahlung der Sonne oder reflektieren sie zurück ins All, unten auf dem Boden wird es kälter. Als im Jahr 1815 der Vulkan Tambora auf der indonesischen Insel Sumbawa ausbrach, starben direkt in der Region circa 71 000 Menschen.

Aber das Material, das der Vulkan in die Luft schleuderte, beeinflusste das Klima auf der ganzen Welt. Das folgende Jahr 1816 war deutlich kälter als normal und ging als das „Jahr ohne Sommer“ in die Geschichte ein.

In Nordamerika fielen die Temperaturen auch in den Sommermonaten unter den Gefrierpunkt; in Mitteleuropa gab es jede Menge Unwetter, in der Schweiz schneite es sogar im Juli noch bis ins Tal, und als die großen Schneemengen dann endlich schmolzen, gab es große Überschwemmungen. Überall in Europa fielen die Ernten geringer oder komplett aus, die Getreidepreise stiegen, und es gab große Hungersnöte. Erst 1819 hatte sich das Klima der Erde wieder normalisiert. Das alles waren nur die Folgen eines einzelnen normalen Vulkanausbruchs. Es gibt aber auch noch sogenannte „Supervulkane“, bei denen alles eine Größenordnung dramatischer abläuft.

Bei einem Supervulkan ist die unterirdische Magmakammer deutlich größer. Hier kann sich das geschmolzene Gestein über Tausende Jahre hinweg ansammeln, bevor es an die Oberfläche durchbricht. Ein Supervulkan ist allerdings nicht der klassische „rauchende Berg“. Von einem Supervulkan sieht man auf der Erdoberfläche erst einmal gar nichts. Der Druck des unterirdischen Magmas führt im Laufe der Zeit dazu, dass sich die ganze Region über der Kammer langsam hebt. Irgendwann ist ein kritischer Punkt erreicht und die Gesteinsschicht über der Kammer bricht komplett ein. Die ganze Gegend explodiert, und anstatt eines Vulkankegels bildet sich ein Krater im Boden, die sogenannte „Caldera“. Die Lava aus der unterirdischen Kammer wird bis zu 50 Kilometer hoch in die Luft geschleudert und kann im Umkreis einiger Hundert Kilometer große Zerstörung anrichten.

Neben den Erdbeben und Flutwellen, die so ein Supervulkanausbruch ebenfalls verursacht, bewirkt er eine globale Veränderung des Klimas, die langfristige Folgen hat. Nach so einer Eruption gibt es nicht einfach nur ein einzelnes „Jahr ohne Sommer“. Es gibt einen dauerhaften „vulkanischen Winter“, bei dem die Temperaturen auf der Erde für Jahrzehnte auf das Niveau einer Eiszeit sinken.

Momentan haben die Geologen nur eine Handvoll Supervulkane auf der Erde identifiziert. Am bekanntesten von ihnen ist vermutlich der Yellowstone, mitten im gleichnamigen Nationalpark in den USA. Dieser Supervulkan ist derzeit auch aktiv, die ganze Region hebt und senkt sich beständig, was darauf hindeutet, dass immer noch Magma aus dem Inneren der Erde in die große Kammer (ungefähr 15 000 km^3 groß) strömt, die sich unter dem ganzen Nationalpark befindet. Der letzte Ausbruch fand vor ungefähr 650 000 Jahren statt, im Prinzip könnte es bald wieder so weit sein. Allerdings nur, wenn man sich nach geologischen Maßstäben richtet, auf menschlichen Zeitskalen kann es durchaus noch ein paar tausend Jahre dauern.*

Wissenschaftler vermuten heute, dass solche gigantischen Ausbrüche in der Vergangenheit für große Massensterben verantwortlich waren. Aus der Untersuchung von Fossilien weiß man, dass immer wieder sehr viele Arten auf einen Schlag verschwanden. Vor ungefähr 200 Millionen Jahren starben zum Beispiel zwischen 50 bis 80 Prozent aller Arten aus. Was genau geschah, lässt sich nicht im Detail nachvollziehen. Aber man geht davon aus, dass es einen Zusammenhang mit dem Auseinanderbrechen des Superkontinents Pangäa gibt. Dieser Vorgang wurde von heftigen und lang anhaltenden vulkanischen Eruptionen begleitet,

* Aktive Supervulkane gibt es übrigens auch in Europa, zum Beispiel in Italien. Gleich neben Neapel befinden sich die Phlegräischen Felder, 150 Quadratkilometer groß und voll mit jeder Menge vulkanischer Aktivität. Auch der immer wieder ausbrechende Vesuv gleich nebenan ist Teil dieser großen vulkanischen Region.

und der dadurch ausgelöste Klimawandel könnte für das Artensterben verantwortlich gewesen sein.

Noch ein wenig schlimmer war es vor 250 Millionen Jahren. Damals verschwanden fast 95 Prozent aller Meereslebewesen und zwei Drittel aller Arten, die auf dem Land lebten. Auch hier sind die Ursachen noch nicht gänzlich geklärt. Aber zu genau dieser Zeit entstand auch das „sibirische Trapp". So bezeichnet man eine zwei Millionen Quadratkilometer große Fläche (fast sechsmal so groß wie Deutschland) im östlichen Sibirien, die mehrere Kilometer dick mit alter Lava bedeckt ist. Es braucht schon mehr als nur einen simplen Vulkanausbruch, um das zu verursachen.

Vermutlich stieg damals über mehrere Hunderttausend Jahre hinweg geschmolzenes Gestein direkt aus dem tiefen Erdmantel bis an die Oberfläche und führte in Sibirien zu ständigen Vulkanausbrüchen. Ob der dadurch ausgelöste Klimawandel tatsächlich die einzige Ursache für das Massensterben war, weiß man allerdings nicht sicher. Neuere Forschungsergebnisse deuten auf einen indirekten Zusammenhang hin. Im Zuge der vulkanischen Aktivitäten gelangten auch viele Metalle aus dem Inneren der Erde an ihre Oberfläche (ein Grund, weswegen Sibirien heute so reich an Bodenschätzen ist). Darunter war auch Nickel, der als Nährstoff für eine bestimmte Art von Mikroben dient. Diese *Methanosarcina* produzieren als Abfallprodukt ihres Stoffwechsels das Gas Methan, und dank des reichlich vorhandenen Nickels konnten sie das nun in einem ungeahnten Ausmaß tun. Das Methan reicherte sich in der Atmosphäre an und verursachte einen starken Treibhauseffekt, der schließlich zum Massensterben führte.

Und das war noch nicht alles, was uns gefährlich werden könnte. Langfristig müssen wir uns neben den Gefahren, die von der Erde selbst und der Sonne ausgehen, auch noch mit den Gefahren beschäftigen, die von anderen Sternen drohen. Und die dazu nötigen Informationen findet man dort, wo sich Astronomen normalerweise eher selten aufhalten: am Boden des Ozeans.

4000 bis 5000 Meter tief unter der Wasseroberfläche kann man *Manganknollen* finden. Dabei handelt es sich um große Klumpen, die hauptsächlich aus dem Metall Mangan bestehen, aber auch noch jede Menge andere Metalle enthalten. Verschiedene Länder versuchen derzeit herauszufinden, wie man die Manganknollen wirtschaftlich vom Meeresgrund an die Oberfläche holen und die enthaltenen Rohstoffe verarbeiten kann.* Aber auch Wissenschaftler sind an den Metallen aus der Tiefsee interessiert. Denn in ihnen findet man eine ganz spezielle Form des Eisens, das uns einiges über das Leben und den Tod der Sterne verraten kann.

Eisen gibt es nicht nur in der normalen, stabilen Form, die wir aus dem Alltag kennen, sondern auch in einigen radioaktiven Varianten. Besonders interessant ist die Form, die Wissenschaftler „Eisen-60" nennen,** denn sie kommt auf der Erde normalerweise nicht vor. Um Eisen-60 zu produzieren, braucht es ganz spezielle Bedingungen, die man nur im Inneren von Sternen vorfindet. Wenn das Eisen-60 also in den Manganknollen am Meeresboden auftaucht, muss es irgendwie von fernen Sternen bis in unsere Tiefsee gelangt sein.

Dazu muss das Eisen-60 aber erst einmal ins Weltall gelangt sein. Das passiert vor allem dann, wenn ein Stern sein Leben beendet. Die Details des Sternentodes sind ziemlich komplex (siehe Kapitel 9), aber am Ende läuft es darauf hinaus, dass er sich aus-

* Die deutsche Bundesanstalt für Geowissenschaften und Rohstoffe hat sich beispielsweise die Lizenz für die Suche nach Manganknollen innerhalb eines 75 000 km² großen Bereichs westlich von Mexiko im Pazifik gesichert.

** Das normale Eisen hat einen Atomkern aus 26 Protonen und 30 Neutronen, also 56 Teilchen. Eisen-60 hat einen Kern mit 26 Protonen und 34 Neutronen, also insgesamt 60 Kernteilchen.

dehnt, Teile seiner Atmosphäre ins All hinausschleudert und im schlimmsten Fall komplett explodiert. Was genau passiert, hängt von seiner Masse ab. Denn die bestimmt, wie viel Brennstoff für die Kernfusion in einem Stern zur Verfügung steht und bei welchen Temperaturen sie ablaufen kann. Endet die Kernfusion, endet auch das Leben eines Sterns, und es kann zu gewaltigen Explosionen kommen, bei denen all die durch die Kernfusion neu entstandenen Elemente hinaus ins Weltall geschleudert werden,* darunter auch das Eisen-60.

Im Weltall findet sich also immer eine geringe Menge an Eisen-60, und wenn Planeten entstehen, dann enthalten sie von Anfang an ein bisschen von diesem Material. Da diese Form des Eisens aber radioaktiv ist und mit einer Halbwertszeit von 2,6 Millionen Jahren zerfällt, sollte heute eigentlich nichts mehr davon übrig sein. Die Erde ist ja schon 4,5 Milliarden Jahre alt. Wenn wir am Boden des Ozeans also immer noch etwas davon finden, muss es später dazugekommen sein.

Irgendwann in der Vergangenheit ist also in der kosmischen Nachbarschaft der Erde ein Stern explodiert und hat dabei auch Eisen-60 bis zu uns geschleudert, wo es unter anderem in den Manganknollen der Tiefsee erhalten blieb. Dass der Kosmos ein explosiver Ort sein kann, zeigt auch ein simpler Blick hinaus in die Umgebung des Sonnensystems. Überall zwischen den Sternen findet man das sogenannte „Interstellare Medium". Damit meint man ein sehr dünnes Gas, nur wenige Atome pro Kubikzentimeter, das sich durch die gesamte Milchstraßengalaxie zieht. Die Teilchen waren teilweise von Anfang an da und gehören zu den großen Gaswolken, aus denen die Sterne erst entstehen. Teilweise werden die Teilchen der interstellaren Materie aber auch erst von

* Eine detaillierte Beschreibung der Kernfusion im Inneren der Sterne und der Entstehung der Elemente kann man in meinem Buch *Der Komet im Cocktailglas* nachlesen.

den Sternen ins All geschleudert. Die Materie ist zwischen den Sternen aber nicht überall gleich verteilt. Die Sonne befindet sich in einer Region, in der es deutlich weniger Gas gibt als anderswo, in der sogenannten „Lokalen Blase“. Es sieht so aus, als hätte irgendetwas die interstellare Materie im Umkreis von knapp 300 Lichtjahren davongeblasen. Um das zu schaffen, braucht es schon jede Menge Energie. Energie, wie sie zum Beispiel eine ganze Gruppe von Sternenexplosionen erzeugen kann.

Sterne entstehen ja meistens nicht alleine, sondern gleichzeitig mit anderen Sternen in großen Haufen, und beenden dann ihr Leben oft auch vergleichsweise kurz hintereinander. Während der langsamen Bewegung der Sterne durch die Milchstraße befand sich eine dieser Sterngruppen (die sogenannte „Scorpius-Centaurus-Assoziation“) genau zur richtigen Zeit am richtigen Ort, um die Lokale Blase geschaffen zu haben. Man hat außerdem herausgefunden, dass diese Gruppe von Sternen vor 2,2 Millionen Jahren ihren geringsten Abstand zur Erde hatte. Passenderweise sind die Manganknollen mit dem überschüssigen Eisen-60 ebenfalls ca. 2,2 Millionen Jahre alt. Es ist also sehr wahrscheinlich, dass damals Sterne aus dieser Sterngruppe ihr Leben in einer Supernova-Explosion beendet haben und dabei Material aus ihrem Inneren bis zur Erde gelangte.

Die explodierenden Sterne waren damals aber immer noch 210 Lichtjahre von der Erde entfernt, also weit genug, um bei uns keinen großen Schaden anrichten zu können. Es gibt jedoch keinen Grund, warum Sterne ihr Leben nicht auch ein wenig näher bei uns beenden können. Die Sonne ist, so wie alle anderen Sterne in der Milchstraße auch, ständig in Bewegung, und im Laufe der Jahrmillionen ändern sich die Abstände ständig. Mal kommen Sterne einander nahe, mal entfernen sie sich voneinander. Und selbst wenn immer genug Distanz zwischen ihnen bleibt, um keine Angst vor einer stellaren Kollision haben zu müssen, können die Supernova-Explosionen durchaus dramatischere Folgen haben, als einfach nur ein bisschen radioaktives Eisen in Richtung Erde zu schicken.

Wie destruktiv die Folgen einer Supernova für die Erde sind, hängt einerseits von der Masse des explodierenden Sterns ab, andererseits vom Abstand. Je größer und je näher, desto schlimmer. Kleine Sterne müssen uns auf ungefähr 20 Lichtjahre nahe kommen, um eine Auswirkung zu haben; bei größeren Sternen reichen unter Umständen auch 100 Lichtjahre. Der Effekt solch einer stellaren Explosion ist überraschend subtil. Die Erde wird dabei nicht zerstört oder verbrannt oder sonst irgendwie dramatisch ruiniert. Die Materie, die uns von den sterbenden Sternen erreicht, kann fürs Erste vernachlässigt werden; mit großen „Trümmerstücken", die auf die Erde fallen, ist nicht zu rechnen. Die Katastrophe kommt unsichtbar auf uns zu, in Form von starker Gammastrahlung. Diese hochenergetische Form des Lichts wird bei Supernova-Explosionen in großer Menge freigesetzt, und wenn sie auf die Atmosphäre der Erde trifft, kann sie den Stickstoff in unserer Luft in Stickoxide umwandeln. Die wiederum schädigen die Ozonschicht, die im schlimmsten Fall komplett verschwindet. Ohne Ozonschicht kann aber die schädliche Ultraviolett-Strahlung der Sonne ungehindert bis zum Erdboden dringen und dort uns Menschen und alle anderen Lebewesen schädigen.

Die Ozonschicht baut sich zwar nach einigen Jahrzehnten wieder auf, aber bis dahin kann unter Umständen die gesamte Nahrungskette zusammenbrechen. Die UV-Strahlung der Sonne kann in dieser Zeit ungehindert die Pflanzen auf dem Land und Plankton und Algen im Meer schädigen und zerstören. Findet eine Sternenexplosion nahe genug an der Erde statt, kann dadurch vielleicht sogar ein globales Massensterben ausgelöst werden. Wissenschaftler von der Universität Kansas und der NASA haben im Jahr 2003 sogar vermutet, dass eine besonders starke Supernova (ein sogenannter „Gammablitz“) für das *Ordovizische Massensterben* vor 443 Millionen Jahren verantwortlich sein könnte, bei dem 85 Prozent aller im Meer lebenden Arten ausstarben.

Die genauen Gründe für dieses Massensterben sind nicht bekannt. Die Explosion eines nahen Sterns wird nur von einer Minderheit der Forscher in Betracht bezogen. Andere halten Vulkanismus oder die Bewegung des Superkontinents Gondwana für die Ursache.

Was auch immer verantwortlich war, eines ist klar: Langfristig gesehen kann die Erde durchaus ein gefährlicher Ort für uns Menschen sein. Asteroideneinschläge, Eiszeiten, Plattentektonik und Supervulkane sind keine Gefahren, die uns unmittelbar bedrohen. Aber wenn wir Menschen als Spezies langfristig überleben wollen, dann sollten wir uns darüber trotzdem Gedanken machen. Wenn es darum geht, nicht nur die nächsten paar Jahrzehnte und Jahrhunderte zu überleben, sondern die nächsten Jahrhunderttausende, brauchen wir Strategien, um mit den Unzulänglichkeiten unseres Heimatplaneten umzugehen. Solange wir alle nur auf diesem einen Himmelskörper bleiben, müssen wir nur einmal Pech haben, um für immer zu verschwinden. Wenn wir es allerdings schaffen, uns ein wenig von der alten Heimat zu lösen und in den Weltraum aufzubrechen, hätten wir bessere Chancen. Dafür müssen wir auch erst mal gar nicht allzu weit gehen.

Teil II

Asteroiden: Freund oder Feind?

Kapitel 4
Asteroiden abwehren

Ein Asteroid rast auf die Erde zu. Der WISE-Satellit der NASA hat vom Weltraum aus fast den gesamten Himmel nach noch unbekannten Himmelskörpern abgesucht. Dabei fand er Hunderte Asteroiden und Kometen, die für die Erde alle völlig ungefährlich waren. Bis auf einen: Seine aus vorläufigen Daten berechnete Bahn schien ihn unangenehm nahe an unseren Planeten heranzubringen. Als die Entdeckung bekanntgegeben wurde, machten sich die Astronomen daran, genauere Beobachtungen durchzuführen. Jeder erwartete, dass alles so laufen würde wie bei Dutzenden ähnlicher Fälle in der Vergangenheit. Je mehr Beobachtungsdaten, desto geringer die Kollisionswahrscheinlichkeit.

Aber diesmal ist es anders. Je besser die Astronomen über die Bahn des Asteroiden Bescheid wissen, desto wahrscheinlicher die Kollision. Nach einigen Tagen intensiver Arbeit an Sternwarten und Rechenzentren überall auf der Welt steht fest: Der Himmelskörper wird zweifelsfrei mit der Erde zusammenstoßen. Eine Kollision ist unausweichlich. Der Asteroid ist so hell, dass er mindestens einen Kilometer durchmessen muss. Das heißt, es wird eine globale Katastrophe geben.

Innerhalb der nächsten 20 Jahre wird der Asteroid der Erde dreimal sehr nahe kommen. Und beim vierten Mal wird sie ihm direkt im Weg stehen. Die Menschheit blickt ihrem Ablaufdatum entgegen. Noch zwei Jahrzehnte, dann wird der Asteroid der Zivilisation, so wie wir sie kennen, ein Ende machen. Wahrscheinlich werden nicht alle Menschen sterben. Aber nach dem Einschlag wird nichts mehr so sein wie zuvor, und die Überlebenden werden in einer völlig neuen Welt zurechtkommen müssen.

Oder vielleicht auch nicht. Das eben beschriebene Szenario ist nicht real. Aber es könnte jederzeit Realität werden. Wir wissen, dass es nur eine Frage der Zeit ist, bis wieder ein größerer Asteroid auf der Erde einschlagen wird. Und wenn wir dann nicht tatenlos zusehen wollen, müssen wir uns darauf vorbereiten. Denn das ist tatsächlich möglich. Der Einschlag eines Asteroiden auf der Erde kann verhindert werden. Es ist nicht einfach, es ist nicht billig, und es erfordert den Einsatz von wissenschaftlichen und technischen Ressourcen in einem ungeahnten Ausmaß und über einen langen Zeitraum hinweg. Doch diese Anstrengung sollte uns nicht abschrecken.

In den einschlägigen Hollywoodfilmen sieht das immer vergleichsweise einfach aus. Das fängt schon bei der Entdeckung des gefährlichen Himmelskörpers an. Ein Astronom schaut durch sein Teleskop und beginnt plötzlich wie wild auf einem Computer herumzutippen. Kurz danach präsentiert sich auf dem Bildschirm eine dreidimensionale Animation, die exakt die Bahn eines Asteroiden zeigt, der auf der Erde einschlägt. In der Realität braucht es natürlich mehr als nur eine Beobachtung; die Astronomen blicken auch schon längst nicht mehr selbst durch Teleskope, sondern betrachten nur noch Bilder auf Computerbildschirmen. Und wenn sie Bahnen berechnen, dann gibt es am Ende nur selten grafisch aufwendige Animationen, sondern im Allgemeinen nur lange Zahlenkolonnen.

In der Welt des Kinos wird als Nächstes der amerikanische Präsident über die Katastrophe informiert, während die Öffentlichkeit nichts von der Gefahr erfährt. In der Realität sind die Bahndaten aller Asteroiden frei im Internet verfügbar, Hunderte Astronomen in aller Welt wüssten schon längst Bescheid, bevor irgendjemand irgendwelchen Staatsoberhäuptern erklären kann, worum es eigentlich geht. Der Kino-Präsident stellt mit seinen Militärberatern danach eine Rettungsmission zusammen, die immer aus einem mit Atombomben beladenen Raumschiff besteht. Damit soll der Asteroid in guter alter amerikanischer Tradition in die Luft gejagt werden, was am Ende natürlich auch gelingt.

In der echten Welt würden die Astronauten am Ende ihrer Mission vermutlich nicht von einer jubelnden Menge empfangen werden, sondern auf eine zerstörte Erde zurückkehren. Denn eine Asteroidensprengung mit Atombomben mag ein actionreiches Spektakel sein – aber sie ist auch die so ziemlich schlechteste Methode zur Asteroidenabwehr, die man sich denken kann. Denn so ein Asteroid mag zwar im Vergleich mit der Erde recht klein sein. Er ist aber immer noch ein ziemlich großer Brocken; eine mehrere Kilometer große Gesteinsmasse, vergleichbar mit einem großen Berg bzw. Gebirge (und wenn der Asteroid nicht so groß wäre, dann wäre er auch keine globale Gefahr für die Erde). Und genauso wenig, wie man ein Gebirge mit einer Atombombe einfach wegsprengen kann, kann man das mit einem Asteroiden tun.

Der Himmelskörper würde einfach auseinanderbrechen. Anstatt eines ziemlich großen Felsbrockens würden nun mehrere immer noch recht große Objekte auf der Erde einschlagen und dort nach wie vor große Zerstörung anrichten. Es ist keine sehr vielversprechende Taktik, den Asteroiden komplett zerstören zu wollen. Deutlich effektiver ist es, ihn nur von seiner Kollisionsbahn abzulenken. Schafft man es, den Asteroiden ein klein wenig zu beschleunigen oder zu bremsen, werden er und die Erde sich nicht begegnen, und die Kollision ist verhindert. So eine Ablenkung erfordert ein bisschen mehr Geschick und Aufwand als ein simples Bombardement mit Atomwaffen. Aber man kann sie tatsächlich durchführen, und das ist es, was zählt.

Wie bewegt man einen Asteroiden? So, wie man auch alles andere bewegt: mit einem passenden Antrieb. Es liegt nahe, einfach mit einem Raumschiff ins Weltall zu fliegen und den gefährlichen Himmelskörper ein wenig „anzuschieben". Wenn man auf einem Asteroiden landen kann, um dort Atombomben abzuladen, muss man doch auf ihm landen und dann den Antrieb des Raumfahrzeugs benutzen können, um ihn ein wenig aus dem Weg zu schieben. Und im Prinzip ist das durchaus möglich. Rein physikalisch spräche absolut nichts dagegen, einen kleineren Himmelskörper auf diese Art zu bewegen. In der Praxis wäre so ein Plan allerdings so gut wie undurchführbar.

Denn man braucht dazu nicht nur einen Antrieb, sondern auch den nötigen Treibstoff. Die großen Raketen, mit denen wir derzeit ins All fliegen, sind nur deswegen so riesengroß, weil sie fast komplett aus Tanks und Treibstoff bestehen. Als die amerikanischen Astronauten im Jahr 1969 zum Mond flogen, taten sie das in einem 10 Meter langen und knapp 30 000 Kilogramm schweren Raumschiff. Die Rakete, die nötig war, um es ins All zu bringen, war allerdings 100 Meter hoch und wog voll betankt mehr als 2 Millionen Kilogramm. All das war nötig, um die kleine Raumkapsel ausreichend stark zu beschleunigen, damit sie die Erde verlassen und in Richtung Mond fliegen konnte.

Hisst die Sonnensegel!

Ein Asteroid ist aber deutlich schwerer als ein Apollo-Raumschiff, und man muss ihn viel weiter bewegen und bräuchte entsprechend mehr Treibstoff. Treibstoff, den man zuerst einmal von der Erde ins Weltall schaffen muss, wozu wieder riesige Raketen nötig sind, die selbst unvorstellbare Mengen an Treibstoff brauchen, um das bewerkstelligen zu können. Es wäre enorm aufwendig, komplex und teuer, einen Asteroiden auf diese Weise ablenken zu wollen. Viel einfacher wäre es, wenn wir Ressourcen nutzen, die schon vor Ort sind. Zum Beispiel das Sonnenlicht!

Die Sonnenstrahlung ließe sich natürlich verwenden, um mit Solarzellen einen elektrischen Antrieb zu betreiben. Viel effektiver ist es aber, das Licht der Sonne direkt als „Treibstoff" zu benutzen. Schon 1610 schrieb Johannes Kepler an Galileo Galilei: „Stellt Schiffe und Segel zur Verfügung, die diese himmlische Brise nutzen können, und es wird Menschen geben, die damit die große Leere überwinden."

400 Jahre später, am 10. Juni 2010, setzte das erste Mal so ein Schiff seine Segel, um mit der „himmlischen Brise" durchs All zu segeln. IKAROS, „Interplanetary Kite-craft Accelerated by Radiation Of the Sun", entfaltete an diesem Tag sein 173 Quadratmeter großes Sonnensegel und wurde zum ersten Raumfahrzeug, das erfolgreich allein mit dem Licht der Sonne durchs All gesteuert wurde.

Das kleine Raumschiff, das von der japanischen Raumfahrtagentur JAXA betrieben wurde, hat gezeigt, dass man keine großen Treibstofftanks benötigt, um durch den Weltraum zu fliegen. Das Licht der Sonne kann von „Sonnensegeln" genauso benutzt werden wie der Wind von normalen Segelschiffen. Wenn Licht auf eine spiegelnde Fläche fällt, wird es reflektiert. Dabei wird von der Energie, die in einem Lichtteilchen steckt, ein Impuls auf den Spiegel übertragen. Diese Kraft ist winzig, aber wenn der Spiegel groß genug ist, kann sie ausreichen, um ein Raumfahrzeug zu bewegen.

Und im Gegensatz zu den gewaltigen Treibstofftanks der konventionellen Raketen ist ein Sonnensegel leicht und kompakt. Die reflektierende Folie, aus der das Segel von IKAROS besteht, ist nur 7,5 Mikrometer dick und wiegt ganze 2 Kilogramm. In der Rakete, mit der es ins All gebracht wird, nimmt es nur wenig Platz ein. Es wird erst später im Weltall zu voller Größe entfaltet. Dann kann das Licht der Sonne auf das Segel fallen und das an ihm befestigte Raumfahrzeug antreiben. Anfangs ist die Beschleunigung nicht stark: Im optimalen Fall wird das insgesamt 315 Kilogramm schwere IKAROS-Raumschiff in jeder Stunde nur 2 Zentimeter pro Sekunde (0,07 km/h) schneller. Um seine Geschwindigkeit um einen einzigen Kilometer pro Stunde zu erhöhen braucht IKAROS also fast 14 Stunden. Eine Saturn-V-Rakete kann ein paar Millionen Mal stärker beschleunigen – allerdings nur für sehr kurze Zeiträume. Ein Sonnensegel dagegen hat immer ausreichend Antriebskraft zur Verfügung, und wenn man nur lange genug wartet, kann die Geschwindigkeit fast beliebig hoch werden, im Prinzip bis nahe an die Lichtgeschwindigkeit.

Um einen gefährlichen Asteroiden abzuwehren, wäre ein Sonnensegel ideal. Man müsste nur das Segel selbst ins All bringen und bräuchte sich nicht um Treibstoff zu kümmern. Ist es erst einmal am Asteroiden verankert, übt es eine dauerhafte Kraft aus, und man muss eigentlich nur noch abwarten, bis die Strahlung der Sonne den gefährlichen Himmelskörper ausreichend weit abgelenkt hat.

Das Abwarten könnte allerdings zum Problem werden. Denn unter Umständen dauert es sehr lange, bis die schwache Kraft des Sonnenlichts die Bahn des Asteroiden ausreichend stark verändert hat (und auch die Rotation des Asteroiden könnte dafür sorgen, dass das Segel nicht so wirkt, wie es soll). Im Idealfall sollte man daher schon ein paar Jahrzehnte vorher Bescheid wissen, um die Rettung der Erde auch in die Wege leiten zu können. Was aber, wenn es schneller gehen muss? Auch hier könnte ein Sonnensegel helfen, wenn auch in ganz anderer und eher destruktiver Form.

Asteroiden bewerfen

Die einfachste Methode, um die Bewegung eines Himmelskörpers zu verändern, ist ein sogenannter „kinetischer Impakt". Das heißt genau genommen nichts anderes als: Lasst uns irgendetwas auf den Asteroiden werfen! Lässt man den gefährlichen Felsbrocken mit irgendeinem anderen Objekt kollidieren, kann ihn das genauso abbremsen oder beschleunigen wie die Installation eines Sonnensegels oder eines anderen Antriebssystems.

Dinge auf andere Dinge zu werfen ist rein prinzipiell nicht schwer. Ein bisschen schwerer wird es, wenn sich die Dinge im Weltraum befinden, aber auch hier haben wir schon Erfahrungen. Am 30. Dezember 2004 schickte die NASA die Raumsonde „Deep Impact" ins All. Ihr Ziel war der Komet Tempel-1, der die Sonne mit einer Umlaufzeit von fünfeinhalb Jahren umkreist. Deep Impact war 174 Tage lang mit einer Geschwindigkeit von knapp über 100 000 Kilometer pro Stunde unterwegs, um den Kometen schließlich pünktlich zum amerikanischen Unabhängigkeitstag am 4. Juli 2005 zu erreichen. Und während in den USA überall Feuerwerke gezündet wurden, veranstaltete die NASA im Weltall ihre eigene, ganz besondere Lichtshow.

Deep Impact trennte sich in zwei verschiedene Komponenten auf. Ein Teil der Sonde hielt einen Sicherheitsabstand von mehreren 100 Kilometern vom Kometen. Der andere Teil, ungefähr so groß wie ein Kühlschrank und 370 Kilogramm schwer, stellte sich dagegen direkt in die Flugbahn von Tempel-1. Mit einer Geschwindigkeit von 10 Kilometer pro Sekunde (ungefähr 36 000 km/h) prallten Komet und Sonde aufeinander. Es gab einen großen Lichtblitz, die Sonde schlug einen riesigen Krater, und jede Menge Staub und Gestein von der Kometenoberfläche wurden ins Weltall geschleudert.

Das war genau das, was die Wissenschaftler der NASA bezweckt hatten, denn Deep Impact war keine Mission, um den Kometen von seiner Bahn abzubringen. Man wollte herausfinden, was sich unter der Oberfläche befindet, und genau dieses Material konnte der noch intakte Teil der Sonde nun analysieren. Aber auch wenn Tempel-1 keine Gefahr für die Erde darstellte, hat der Einschlag von Deep Impact dennoch seine Geschwindigkeit verändert. Nicht viel: Der Komet wurde nur um 0,0001 Millimeter pro Sekunde langsamer, der Effekt war so gering, dass er kaum gemessen werden konnte. Aber zumindest das Prinzip hat funktioniert. Wir haben etwas auf den Kometen geworfen und seine Geschwindigkeit verändert. Wäre es allerdings um die Abwehr eines gefährlichen Himmelskörpers gegangen, hätte man den Einschlagskörper mit deutlich höherer Geschwindigkeit auf den mehrere Kilometer großen Kometen prallen lassen müssen.

Bei so großen Objekten wie Tempel-1 (8 Kilometer lang und 5 Kilometer breit) ist ein kinetischer Impakt mit ausreichender Wucht nur schwer zu bewerkstelligen. Bei kleineren Asteroiden kann die Methode jedoch durchaus funktionieren. Wissenschaftler haben berechnet, dass schon ein vergleichsweise kleines Sonnensegel mit einer Masse von 10 Kilogramm ausreichen könnte, um den knapp 325 Meter großen Asteroiden Apophis abzulenken. Dazu müssten Segel und Asteroid mit einer Geschwindigkeit von 90 Kilometer pro Sekunde zusammenstoßen. Man würde das Segel also idealerweise auf eine Bahn bringen, auf der es die

Sonne genau in der anderen Richtung umläuft als Apophis. So können die beiden frontal miteinander kollidieren, und ihre jeweiligen Geschwindigkeiten addieren sich zur benötigten Kollisionsgeschwindigkeit.

In diesem Fall würde auch schon eine Vorwarnzeit von ungefähr einem Jahr ausreichen. Hätte sich also Weihnachten 2004 herausgestellt, das Apophis tatsächlich eine Gefahr für die Erde darstellt, hätte man bis zum vorhergesagten Einschlag im Jahr 2029 noch genug Zeit gehabt, um etwas zu unternehmen. Man hätte in Ruhe eine Mission planen und diverse Alternativen überdenken können. So viel Komfort hat man aber nicht immer. Die wirklich gefährlichen kilometergroßen Brocken, die im Fall des Falles auf der Erde ein Massensterben verursachen, sind meistens so hell, dass sie von den Teleskopen auf der Erde und im Weltall schon lange vor einem eventuellen Einschlag gefunden werden würden. Aber bei den viel zahlreicheren kleineren Objekten bleibt unter Umständen nicht viel Zeit.

Am 23. April 2014 fand das Weltraumteleskop WISE einen bis dahin unbekannten Asteroiden. Das Objekt mit der Bezeichnung 2014 HQ124 war ungefähr 300 Meter groß, vergleichbar mit Apophis. Das ist so weit noch nicht ungewöhnlich, täglich werden neue Asteroiden entdeckt. 2014 HQ124 allerdings befand sich auf einer Bahn, die ihn nur wenige Wochen später sehr nahe an die Erde heranbrachte. Am Morgen des 8. Juni 2014 passierte er unseren Planeten in einem Abstand von 1,4 Millionen Kilometern. Das entspricht ungefähr dem 3,5-fachen Abstand zwischen Erde und Mond und ist ausreichend groß, um sich keine Sorgen um einen Zusammenstoß machen zu müssen. Aus kosmischer Sicht war es aber eine knappe Sache, und wäre 2014 HQ124 tatsächlich auf Kollisionskurs gewesen, hätte man in den verbleibenden Wochen zwischen Entdeckung und Einschlag kaum Zeit gehabt, etwas zu unternehmen.

Die Welt wäre zwar nicht untergegangen, denn um eine globale Katastrophe zu verursachen, war 2014 HQ124 zu klein. Aber er hätte definitiv großen Schaden angerichtet, und wäre er über einer besiedelten Gegend niedergegangen, hätte er Millionen Menschenleben beenden können. In Kapitel 1 haben wir ja schon gesehen, was ein nur wenige Meter großer Brocken wie der Meteorit von Tscheljabinsk anrichten kann, wenn er zufällig über einer Stadt explodiert. Die Folgen eines Einschlags werden zwar umso geringer, je kleiner der Asteroid ist. Und die kleineren Asteroiden sind auch prinzipiell leichter abzuwehren als die großen. Aber sie sind eben auch viel schwerer zu entdecken!

Um gegen Objekte wie das von Tscheljabinsk etwas unternehmen zu können, hätten wir auf jeden Fall vorbereitet gewesen sein müssen. Hätten wir ihn vor seinem Einschlag entdeckt, hätten wir verlässliche und getestete Abwehrsysteme benötigt, die kurzfristig einsatzbereit sind und ohne große Vorbereitung und Planung ins All geschickt werden können. Dann hätten wir unter Umständen auch einen Einschlag abwehren können, der nur ein paar Monate in der Zukunft liegt.

Laser & Ionenantrieb

Zum Beispiel durch Laser. Allerdings sind damit keine futuristischen Laserkanonen gemeint, mit denen man von der Erde aus ins Weltall feuert und Asteroiden pulverisiert. So etwas wird auch weiterhin nur in Science-Fiction-Romanen stattfinden (und angesichts der politischen Lage auf der Erde wird so schnell auch kein Land entsprechende Waffen bauen können, ohne das Misstrauen der anderen Länder zu erregen ...). Aber es ist durchaus möglich, einen Schwarm kleinerer Laser zu einem Asteroiden ins All zu schicken. Dort können sie den Himmelskörper umkreisen und auf seine Oberfläche feuern. Dabei verdampft Material, strömt ins Weltall, und der dabei wirkende Rückstoß bewegt den Asteroiden. Macht man das gezielt, kann ein Objekt dadurch von seiner Kollisionsbahn abgelenkt werden.

Um einen Asteroiden wie den von Tscheljabinsk auf eine ungefährliche Bahn zu bringen, würde ein Laser mit einer Stärke von 100 Kilowatt knapp einen Monat brauchen. (Zum Vergleich: Ein handelsüblicher Laserpointer hat eine Stärke von wenigen Milliwatt, also 100 Millionen Mal weniger.) Ein schwächerer 10-Kilowatt-Laser bräuchte dagegen 10 Jahre. Hätte man Apophis mit so einer Laserwaffe ablenken wollen, hätte man selbst mit dem starken Laser 10 Jahre benötigt und die schwächere Variante ganze 100 Jahre lang einsetzen müssen. Momentan sind wir aber sowieso nicht in der Lage, einen 100-Kilowatt-Laser für diesen Zweck zu bauen, und selbst einen entsprechenden 10-Kilowatt-Laser für den Einsatz zur Asteroidenabwehr zu konstruieren wäre ein großer technischer Aufwand.

Entsprechende Forschung vorausgesetzt, könnten solche Laserabwehrsysteme in Kombination mit einer konstanten Beobachtung des Himmels und entsprechend langen Vorwarnzeiten aber zumindest für die Abwehr kleinerer Objekte funktionieren. Für die größeren Himmelskörper wird man dann aber nicht umhinkommen, sich anderer Methoden zu bedienen. Man muss Laser *und* Sonnensegel bereithalten, wenn man auf alles vorbereitet sein will. Und am besten noch ein paar andere Methoden für den Einsatz zur Asteroidenabwehr weiterentwickeln.

Ein vielversprechendes System ist der Ionenantrieb. Auch das klingt zuerst einmal stark nach Science-Fiction, ist aber ein theoretisch gut verstandenes und in der Praxis getestetes Konzept. Ein Ionenantrieb treibt Raumfahrzeuge an und benutzt dabei, so wie auch die konventionellen Raktentriebwerke, das Rückstoßprinzip. Allerdings verbrennt man hier keinen normalen Raketentreibstoff, sondern benutzt den Ausstoß eines Ionenstrahls.

Ionen sind elektrisch geladene Atome, die bei dieser Methode aus einem Gas erzeugt werden. Dabei handelt es sich häufig um Xenon, dessen Atome ionisiert werden müssen, damit sie danach in einem elektrischen Feld beschleunigt werden können. Normale, ungeladene Atome würden vom elektrischen Feld nicht beeinflusst; sind sie aber entsprechend geladen, verleiht ihnen der Durchgang durch das Feld eine höhere Geschwindigkeit. Nach der Beschleunigung werden die ionisierten Atome wieder neutralisiert und als Teilchenstrahl ausgestoßen.* Der Rückstoß dieses Strahls treibt das Raumschiff nach vorne.

Der Vorteil des Ionenantriebs ist die Menge an „Treibstoff", die benötigt wird. Eine klassische Rakete besteht ja fast ausschließlich aus Tanks voller chemischer Treibstoffe, die während des Flugs komplett verbrannt werden. Nur ein kleiner Teil des gesamten Raumfahrzeugs kann für die Nutzlast verwendet werden. Ein Ionentriebwerk dagegen hat keinen Treibstoff im eigentlich Sinn, denn die Energie, die für den Schub verwendet wird, stammt aus dem elektrischen Feld, das die Ionen beschleunigt. Das Einzige, das während des Flugs verbraucht wird, ist die sogenannte „Stützmasse", also das Material, das die Atome für den Teilchenstrahl bereitstellt. Davon ist aber deutlich weniger nötig, als man Treibstoff bei normalen Raketen verwenden muss (die Raumsonde SMART-1 benötigte beispielsweise nur 84 Kilogramm Xenon als Stützmasse).

Die Energie für die elektrischen Felder kann entweder durch Solarzellen gewonnen werden oder aber durch kleine und kompakte Nuklearbatterien. In der Praxis getestet wurde dieser Antrieb unter anderem im Jahr 1998, als am 24. Oktober die Raum-

* Würde man die elektrisch geladenen Atome nicht wieder neutralisieren, ihnen also die elektrische Ladung wieder nehmen, würden sie nach dem Ausstoß vom Raumfahrzeug selbst angezogen, und das Triebwerk würde nicht mehr optimal funktionieren.

sonde „Deep Space 1“ ins All geschickt wurde. Sie flog zum Asteroiden „Braille“ und dem Kometen „Borrelly“ und war bis zum 18. Dezember 2001 aktiv. Deep Space 1 sollte nicht nur die beiden Himmelskörper untersuchen, sondern auch den Xenon-Ionenantrieb testen, was auf dem drei Jahre langen Flug gelang.

Dass Ionentriebwerke auch in kritischen Situationen funktionieren, zeigte sich im Jahr 2002. Im Juli des Vorjahres hatte die Europäische Weltraumagentur ESA den Satelliten „Artemis“ ins All geschickt. Der Kommunikationssatellit sollte in einer Höhe von 36 000 Kilometern eine geostationäre Umlaufbahn erreichen. Die Rakete konnte diese Höhe aber nicht erreichen, Artemis war 17 000 Kilometer über der Erdoberfläche gestrandet. Mit dem Motor, der eigentlich zur Regelung der Bahnlage des Satelliten gedacht war, konnte Artemis noch auf 31 000 Kilometer angehoben werden, was aber immer noch nicht ausreichte. Zum Glück war Artemis mit zwei Ionentriebwerken ausgestattet, die er während seines Aufenthalts im All testen sollte. Nun wurden sie eingesetzt, um den Satelliten langsam auf die endgültige Position im geostationären Orbit zu manövrieren, was im März 2003 schließlich auch gelang.

Die Schubkraft eines Ionentriebwerks ist zwar gering, aber dafür braucht man nur sehr wenig Masse von der Erde ins Weltall zu transportieren. Es wäre durchaus machbar, so ein Triebwerk zu einem Asteroiden zu schicken, der sich auf einer Kollisionsbahn befindet. Man würde das Raumfahrzeug dann aber nicht benutzen, um den Himmelskörper anzuschieben. So ein Triebwerk an der Oberfläche eines Asteroiden zu befestigen und ihn dann durch die Gegend zu schieben würde einen enormen technischen Aufwand erfordern und wäre vermutlich nicht ohne den Einsatz von Astronauten vor Ort zu machen.

Man müsste in diesem Fall zuerst einmal den Asteroiden selbst erforschen, seine genaue Form vermessen, seine Zusammensetzung bestimmen und die Beschaffenheit der Oberfläche prüfen. Bevor man ernsthaft mit der Abwehr beginnen könnte, müsste man eine komplette Mission zur Untersuchung des Asteroiden organisieren, und dafür reicht die Zeit nicht aus. Aber eine genaue Untersuchung ist auch nicht unbedingt nötig, wenn man gar nicht erst vorhat, auf dem Asteroiden zu landen. Stattdessen könnte man das Raumschiff einfach in der Nähe des Asteroiden „parken“ und die Gravitationskraft den Rest erledigen lassen.

Jedes Objekt mit Masse zieht jedes andere Objekt mit Masse an. Auch das Raumschiff und der Asteroid werden sich also gegenseitig anziehen und sich im Laufe der Zeit immer näher kommen, bis sie irgendwann miteinander zusammenstoßen. *Bewegt* man aber das Raumschiff in der Zwischenzeit ein kleines Stück, dann wird der Asteroid ihm einfach folgen, als würde er mit einem unsichtbaren Seil abgeschleppt. Das Abschleppseil ist die Gravitationskraft zwischen den beiden Objekten, und wenn man die ganze Sache gezielt und vorsichtig durchführt, kann man mit diesem „Traktorstrahl“* einen Asteroiden tatsächlich weit genug bewegen, um eine Kollision zu vermeiden.

Wie der Apollo-Astronaut Russel Schweickart gemeinsam mit den Astronomen Clark Chapman, Dan Durda und Piet Hut 2006 berechnete, wäre der Ionenantrieb von Deep Space 1 zum Beispiel in der Lage, den Asteroiden Apophis in nur 20 Tagen weit genug zu schleppen, um ihn von seiner Kollisionsbahn abzulenken. Vorausgesetzt natürlich, man hätte das Manöver früh genug durchgeführt. Je früher man mit der Ablenkung anfängt, desto weniger Bewegung ist nötig. Aber wenn man gleich nach der Entdeckung von Apophis im Jahr 2004 mit einer entsprechenden Mission begonnen hätte, wäre man mit 10 Kilogramm Treibstoff

* In der Fachliteratur wird die Methode „gravity tractor“ genannt.

und einem passenden Ionentriebwerk in der Lage gewesen, eine Kollision im Jahr 2029 zu verhindern.

An Ideen zur Asteroidenabwehr mangelt es nicht. Neben den bisher vorgestellten Methoden existieren viele weitere, manche davon sehr komplex und ambitioniert; andere einfach und prinzipiell auch mit derzeitigen Mitteln durchführbar. Sollten wir demnächst tatsächlich einen Asteroiden entdecken, der sich auf Kollisionskurs mit der Erde befindet, könnten wir wahrscheinlich trotzdem nicht viel tun. Wir wissen theoretisch, was wir tun müssten, haben aber so gut wie nichts davon in der Praxis ausprobiert und würden der drohenden Katastrophe zu unvorbereitet gegenüberstehen.

Bei den großen Asteroiden, deren Einschlag globale Folgen haben würde, wäre die Vorwarnzeit vermutlich noch lange genug. Aber wenn wir ein verlässliches System haben wollen, das uns hilft, die einzigen Naturkatastrophen zu verhindern, die wir tatsächlich verhindern können, dann dürfen wir nicht darauf warten, bis der Ernstfall eintritt, sondern müssen wirklich vorbereitet sein.

Deswegen schlagen Wissenschaftler und Raumfahrtagenturen auch immer wieder Weltraummissionen vor, bei denen die Theorie der Asteroidenabwehr praktisch getestet werden soll. Zum Beispiel das „Don Quijote"-Konzept aus dem Jahr 2005: Hier war geplant, zwei Raumsonden zu einem Asteroiden zu schicken. Der weitere Verlauf wäre dann im Wesentlichen so wie bei der Mission von Deep Impact zum Kometen Tempel-1. Ein Teil der Sonde wäre mit einer Geschwindigkeit von knapp 10 Kilometer pro Sekunde auf den ungefähr 500 Meter großen Asteroiden geprallt; der andere Teil hätte das ganze aus der Ferne beobachtet und gemessen, wie stark der Aufprall die Bahn des Asteroiden verändert. Im Gegensatz zu Deep Impact hätte man sich aber bei Don Quijote ganz auf diese Bahnveränderung konzentriert und untersucht, welche Faktoren bei einem kinetischen Impakt nötig sind, um den gewünschten Effekt zu erreichen.

Don Quijote kam allerdings nie über das Konzeptstadium hinaus. Das lag unter anderem daran, dass es sehr schwierig gewesen wäre, die Veränderung in der Bewegung des Asteroiden genau genug zu messen. Deswegen plant die Europäische Weltraumagentur mittlerweile eine andere Version, die unter dem Namen AIDA umgesetzt werden soll. Das steht für „Asteroid Impact & Deflection Assessment“, und diesmal will man keinen normalen Felsbrocken besuchen, sondern einen Doppelasteroiden. Als Ziel hat man sich „Didymos“ ausgesucht, der knapp 800 Meter durchmisst und von einem 150 Meter großen Begleiter umkreist wird.* Eine Raumsonde namens DART („Double Asteroid Redirection Test“), die unter der Leitung der Johns-Hopkins-Universität in Maryland gebaut werden soll, wird auf eine Kollisionsbahn mit dem kleineren Asteroiden gebracht. Der Einschlag von DART wird die Umlaufgeschwindigkeit und -bahn des Asteroidenmondes verändern, und diese Veränderung lässt sich relativ gut und genau messen.

Dazu baut die Europäische Weltraumagentur noch einen kleinen Satelliten (AIM – „Asteroid Impact Monitor“), der die Kollision aus einer Umlaufbahn um Didymos verfolgen wird. Wenn alles nach Plan läuft, schlägt DART im Oktober 2022 auf dem Mond von Didymos ein. Es ist aber auch nicht unwahrscheinlich, dass es länger dauern oder die Mission komplett gestrichen wird. Raumfahrt ist teuer und ein von Politikern gern gewähltes Ziel, wenn es darum geht, schnell irgendwo Geld einzusparen. Ganz

* Solche Doppelasteroiden sind übrigens nicht selten. Man findet sie überall, und meistens entstehen sie, wenn sich die Rotationsgeschwindigkeit eines Asteroiden erhöht (zum Beispiel durch den Strahlungsdruck der Sonne, der einen Asteroiden auch ganz ohne Sonnensegel bewegen kann) und sich dann Teile des Himmelskörpers durch die stärkeren Rotationskräfte voneinander lösen.

besonders dann, wenn es sich um Projekte handelt, die sich mit Problemen wie Asteroideneinschlägen beschäftigen, von denen wir uns in unserem Alltag wenig bedroht fühlen. Ein paar neue Kampfflugzeuge oder Waffensysteme zur Bekämpfung von Terroristen lassen sich leichter rechtfertigen als langfristige Investitionen in die Grundlagenforschung, selbst dann, wenn es sich bei den Asteroiden um eine Gefahr handelt, der wir uns früher oder später mit absoluter Sicherheit stellen müssen.

Wenn wir eine Chance haben wollen, ein verlässliches und sicheres System zur Asteroidenabwehr zu entwickeln, haben wir keine Wahl: Wir müssen anfangen, ernsthafte Raumfahrt zu betreiben. Raumfahrt, die über das hinausgeht, was wir derzeit durchführen können. Raumfahrt, die aus mehr besteht als ein paar Satelliten in einem erdnahen Orbit und gelegentlichen unbemannten Flügen zu anderen Himmelskörpern. Raumfahrt, bei der nicht über jedes Kilogramm, das man ins Weltall bringen will, lange diskutiert werden muss. Raumfahrt, die bezahlbar ist, und Raumfahrt, die *schnell* ist und keine jahrelange Vorbereitung für jede Mission erfordert. Wir brauchen völlig neue Konzepte für die Durchführung der Raumfahrt, und überraschenderweise können uns die Asteroiden dabei helfen. Denn sie sind nicht nur die Ursache von potenziellen Katastrophen. Der Weg in den Weltraum führt zwangsläufig über sie.

Kapitel 5
Asteroiden nutzen

Der amerikanische Polarforscher Robert Peary war frustiert. Im Frühjahr 1894 versuchte er schon das zweite Mal, als erster Mensch der Welt den Nordpol zu erreichen. Aber seine Expedition im Nordwesten von Grönland scheiterte schon nach 200 Kilometern. Starke Stürme, tiefe Temperaturen und Krankheiten zwangen Peary dazu, den Weg zum nördlichsten Punkt der Erde abzubrechen. Aber ganz ohne Erfolg wollte der Forscher nicht in die Heimat zurückkehren. Peary erinnerte sich an eine Geschichte, die einer seiner Vorgänger erzählt hatte. 1818 entdeckte der britische Admiral John Ross bei seinen Erkundungsfahrten in der Arktis eine isoliert lebende Gemeinschaft von Inuit, die er die „Arktischen Hochländer“ nannte. Überrascht stellte er fest, dass diese Eisen nutzten, obwohl sie bisher keinen Kontakt zum Rest der Welt gehabt hatten und in Grönland auch nicht mit leicht zugänglichen Eisenvorkommen zu rechnen war.

Die Inuit erzählten Ross, sie würden das Metall von einem „Eisenberg“ erhalten, weigerten sich aber, ihm mehr zu verraten. Die ihm nachfolgenden Forscher waren hauptsächlich daran interessiert, den Wettlauf zum Pol zu gewinnen, und hatten keine große Lust, dieser seltsamen Geschichten nachzugehen. Peary aber, der dank seiner gescheiterten Expedition nun ausreichend Zeit hatte, bedrängte die Inuit, ihm das Geheimnis des Eisenbergs zu verraten, und konnte sie schließlich dazu bringen, ihn zur Quelle des Metalls zu führen.

Er fand drei große Meteoriten, die im Eis von Grönland lagen. Der größte von ihnen war über 3 Meter lang, wog 31 Tonnen und wurde von den Inuit „Ahnighito“ („Zelt“) genannt. Daneben lagen „Die Frau“ mit einem Gewicht von 3 Tonnen und der kleinere „Hund“ mit immerhin noch 400 Kilogramm. Alle drei Brocken bestanden aus Eisen und wurden von den Inuit seit Jahrhunderten genutzt, um nützliche Werkzeuge oder Waffen herzustellen.

Den Bedarf an Metallen könne man ja nun durch Tausch mit den westlichen Forschern stillen, befand Peary, transportierte die Meteoriten kurzerhand ab und verschiffte sie nach Amerika. Er verkaufte sie für 40 000 Dollar an das Smithsonian-Museum in Washington, wo man sie heute noch besichtigen kann. Der Ahnighito-Meteorit ist bisher der drittgrößte Meteorit, der auf der Erde entdeckt wurde, und Teil eines ursprünglich wohl insgesamt 200 Tonnen schweren Eisenmeteoriten, der vor knapp 10 000 Jahren über der Melville-Bucht in Nordwestgrönland auseinanderbrach.

Mittlerweile haben Wissenschaftler noch weitere Bruchstücke dieses arktischen Meteoritenschauers gefunden. Aber nicht nur im hohen Norden haben die Menschen schon vor langer Zeit vom kosmischen Eisen profitiert. Vor ungefähr 7000 Jahren lernten die frühen Zivilisationen, Metalle wie Bronze zu verarbeiten, und Eisen wird erst seit knapp 3000 Jahren in großem Maßstab abgebaut und verwendet. Davor waren die seltenen Meteoritenfunde die einzige Quelle für leicht zugängliche Metalle, die den Menschen zur Verfügung stand.

Mittlerweile sind wir in der Lage, Metalle direkt aus der Kruste der Erde zu holen. Aber die Asteroiden könnten dennoch bald wieder zu einer wichtigen Rohstoffquelle für die Menschheit werden. Dazu dürfen wir allerdings nicht abwarten, bis sie auf die Erde fallen, sondern müssen selbst ins Weltall fliegen.

Auf den ersten Blick mag es ein wenig seltsam erscheinen, Metalle und andere Rohstoffe weit draußen im All zu suchen anstatt auf der Erde. Asteroiden sind ja im Wesentlichen auch nichts anderes als Steine und können per Definition nicht aus anderen Materialien bestehen als unser Planet. Immerhin ist die Erde vor 4,5 Milliarden Jahren aus der Kollision unzähliger Asteroiden *entstanden*. Alles, was es in den Asteroiden gibt, muss es daher auch in der Erde geben.

Und das ist auch richtig. Im Weltall wird man keine mysteriösen Wunderelemente finden und keine unbekannten Metalle. Das Eisen der Meteoriten ist im Großen und Ganzen das gleiche, das wir aus der Kruste unseres Planeten schürfen, und das Gleiche gilt für die restlichen Elemente. Aber es geht um die Frage der Verteilung, der Zugänglichkeit und vor allem des Zwecks, dem die gewonnenen Rohstoffe dienen sollen.

Eisen ist auf der Erde wahrlich kein seltenes Element. Fast 29 Prozent des Planeten bestehen aus Eisen, es ist damit nach Sauerstoff (32 Prozent) das zweithäufigste Element überhaupt. Der gesamte Kern der Erde besteht aus einer gigantischen Kugel aus Eisen und Nickel, die einen Durchmesser von fast 2500 Kilometern hat. In einer Tiefe von mehr als 5000 Kilometern unter unseren Füßen ist diese große Menge an Metall für uns aber nicht zugänglich. Wir sind auf das Eisen angewiesen, das sich in der Kruste des Planeten befindet, also seiner äußersten Schicht. Dort ist Eisen schon viel seltener und macht nur noch 5,6 Prozent aller Elemente aus.

Bei anderen Metallen sieht es ähnlich aus: Das heiß begehrte

Gold zum Beispiel ist deswegen so heiß begehrt, weil es enorm selten ist. Nur 0,0000007 Prozent der Erdkruste bestehen aus Gold, obwohl der Gesamtanteil an der Erdmasse knapp 1000 Mal größer ist. Aber der Großteil dieses Goldes ist dort, wo sich auch das ganze Eisen befindet: im Kern des Planeten. Gleiches gilt für Platin, Iridium und andere seltene Metalle. Als die Erde vor 4,5 Milliarden Jahren entstand, war sie noch ein glutflüssiger Ball aus geschmolzenem Gestein und Metallen. Die schweren Elemente wie eben Eisen, Nickel, Gold usw. sanken tief nach unten und bildeten dort den metallischen Kern. Um ihn herum entstanden ein Mantel und eine Kruste aus leichteren Gesteinen, in denen nur noch vereinzelt Metalle zu finden waren.

Einen Körper wie die Erde, bei dem schwere und leichte Elemente sich im Laufe der Zeit voneinander abgetrennt haben, nennt man „differenziert". Damit es so weit kommen kann, muss der Himmelskörper aber irgendwann ausreichend heiß geworden sein. Die Erde ist groß, und damit sie entstehen konnte, mussten über einen langen Zeitraum hinweg jede Menge kleinere Himmelskörper miteinander kollidieren. Alleine das hat schon ausreichend hohe Temperaturen für eine Differenzierung erzeugt. Außerdem spielte auch die Radioaktivität eine wichtige Rolle. Im Inneren der Erde existieren viele natürliche radioaktive Elemente, deren Zerfall ebenfalls Wärme erzeugt. Und bei den viel kleineren Asteroiden hat die Radioaktivität während der Entstehung einen noch viel wichtigeren Einfluss auf die Zusammensetzung gehabt.

Ursprünglich war dort, wo sich heute das Sonnensystem befindet, nur eine große Wolke aus Gas und Staub. Als all das unter seiner eigenen Gravitationskraft in sich zusammenstürzte, wurde das Zentrum der Wolke unter dem Druck der Gasmassen enorm heiß. So heiß, dass die Atome mit enormer Wucht kollidieren und zu neuen Elementen verschmelzen konnten. Diese Kernfusion erzeugte Licht und Wärme, und die Sonne war geboren. Aber ein Teil des Gases und des Staubs blieb übrig. Die junge Sonne hatte keinen freien Blick auf das Universum; überall schwirrten Reste ihrer Entstehung herum. Die leichten Gasteilchen bewegten sich zu schnell, aber die schweren Elemente des Staubs waren langsam genug, um immer wieder miteinander kollidieren und aneinander haften bleiben zu können. Aus den mikroskopisch kleinen Staubkörnern wuchsen größere Brocken, die irgendwann mehrere Meter bzw. Kilometer groß waren.

Diese sogenannten „Planetesimale“ bildeten die Bausteine, aus denen später die Planeten entstehen sollten. Auch sie kollidierten miteinander und verschmolzen zu noch größeren Himmelskörpern. Die allergrößten von ihnen waren schwer genug, um am Ende auch das leicht flüchtige Gas festhalten zu können. So entstanden die großen Gasriesen wie Jupiter und Saturn mit ihren mächtigen Atmosphären, während die kleineren Brocken zu felsigen Planeten mit fester Oberfläche wie Mars oder Erde wurden.*

Am Anfang waren die Elemente in der großen kosmischen Wolke noch einigermaßen gleichmäßig verteilt. Die Entstehung der Planeten zerstörte diese Einheit, die ursprüngliche Materie ist heute nur noch in den Asteroiden zu finden. Denn nicht alle Planetesimale wurden zum Bau der Planeten verwendet. Einigen von ihnen gelang es nicht, sich zu großen Himmelskörpern zusammenzufinden. Jupiter, heute der größte der Planeten, war auch während seiner Entstehung schon schneller gewachsen als alle anderen. Er übte auf seine Umgebung wegen seiner größeren Masse auch stärkere gravitative Störungen aus und verhinderte so die Bildung von Planeten in seiner unmittelbaren Nachbarschaft. Deswegen schwirren dort auch heute noch die

* Eine ausführliche Beschreibung der Stern- und Planetenentstehung findet man in meinem Buch *Die Neuentdeckung des Himmels*.

gleichen Felsbrocken herum, die sich dort schon vor 4,5 Milliarden Jahren befunden haben, deswegen blieb die „Himmelspolizey“ bei ihrer Suche nach dem fehlenden Planeten des Sonnensystems erfolglos und konnte nur jede Menge kleine Objekte entdecken.

Große Asteroiden wie Ceres hätten es fast geschafft. Der von Piazzi entdeckte Kleinplanet hat immerhin einen Durchmesser von über 900 Kilometer, das reicht aber nicht aus, um offiziell als Planet zu gelten.* Aber in Ceres sammelte sich genug radioaktives Material an, und er wurde ausreichend heiß, damit sich in seinem Inneren ein metallischer Kern bilden konnte. Während die kleinen Asteroiden heute immer noch eine homogene Mischung aus der ursprünglichen Materie des Sonnensystems sind, haben sich die Elemente in den größeren Brocken differenziert, so wie es auch bei der Erde der Fall war. Ein Asteroid kann aber – im Gegensatz zu Erde – bei der Kollision mit einem anderen Asteroiden komplett auseinanderbrechen. Und solche Zusammenstöße gibt es im Asteroidengürtel immer wieder.

Eisenmeteoriten wie der grönländische Ahnighito sind also nichts anderes als die ehemaligen Kerne großer Asteroiden, die vor langer Zeit zerstört wurden und deren Bruchstücke später auf der Erde gelandet sind. Aber noch viel mehr von ihnen fliegen weiterhin durchs All, und dort hätten wir einen viel direkteren Zugriff auf die Rohstoffe, als es auf der Erde der Fall ist. Den Kern der Erde zu erreichen um dort für uns brauchbare Elemente abzubauen ist illusorisch. Dazu müssten wir mehrere Tausend Kilometer tief bohren und würden dabei mit Temperaturen von über 5000 Grad Celsius konfrontiert. Die tiefste bis jetzt durch-

* Vor allem deswegen nicht, weil Ceres nicht in der Lage war, auch das ganze Material in seiner Umgebung an sich zu binden, was nötig gewesen wäre, um nach der offiziellen Definition als Planet zu gelten. Deswegen wird Ceres heute nur als „Kleinplanet“ bezeichnet.

geführte Bohrung reichte gerade einmal 12 Kilometer* und musste abgebrochen werden, weil die Temperaturen dort schon 180 Grad Celsius betrugen.

Im Weltall bieten die metallischen Asteroiden eine direkte Möglichkeit, auf die Kerne ehemals größerer Himmelskörper zuzugreifen. Und in den kleineren, nicht differenzierten Asteroiden sind Metalle und anderen Rohstoffe sowieso überall im Material verteilt. Trotzdem erscheint es auf den ersten Blick unnötig kompliziert und teuer, ins Weltall zu fliegen, um dort ein paar schnöde Metalle einzusammeln, die man alle auch auf der Erde findet. Auch wenn sie dort mühsam aus dem Boden gegraben werden müssen, ist das doch sicher noch einfacher, als Bergbau im Weltraum zu betreiben?

Die Ökonomie der Raumfahrt

Das hängt davon ab, was man mit den gewonnenen Rohstoffen vorhat. Es wäre tatsächlich unnötig aufwendig, Eisen aus dem All auf die Erde zu bringen. Und auch die anderen Rohstoffe sind – zumindest derzeit noch – auf der Erde ausreichend vorhanden und zugänglich, um einen Transport aus dem Weltraum unrentabel zu machen. Aber die Situation ändert sich schlagartig, wenn man die Rohstoffe *im Weltraum selbst benötigt.* Alle menschengemachten Objekte, die sich derzeit außerhalb der Erde befinden, bestehen aus Material, das von der Erde stammt. Jede Schraube jeder Raumsonde ist aus irdischem Metall gemacht; jedes Fenster auf der Raumstation besteht aus Glas von der Erde; jeder Liter Raketentreibstoff wurde am Erdboden produziert

* Die Kola-Bohrung in Russland erreichte im Jahr 1989 eine Tiefe von 12 262 Metern und hat damit noch nicht einmal ansatzweise die Erdkruste durchbrochen, die im Durchschnitt 35 Kilometer dick ist. Und selbst dann sind es noch knapp 3000 Kilometer bis zum äußeren Erdkern.

und jede Mahlzeit der Astronauten in irdischen Küchen zubereitet. Und alles musste mühsam und teuer vom Erdboden bis in den Weltraum transportiert werden.

Der einzige Ort im Weltall, an dem sich derzeit Menschen aufhalten, ist die Internationale Raumstation ISS. Sie ist nicht weit entfernt, sondern fliegt durchschnittlich nur 400 Kilometer über unseren Köpfen. Auf der Erdoberfläche würde die Überwindung dieser Entfernung keine große Schwierigkeit darstellen. Mit einem Auto kann man sie in ein paar Stunden zurücklegen und dabei noch problemlos jede Menge Gepäck transportieren. Aber wenn man stattdessen geradewegs nach oben reisen will, wird es kompliziert. Die Anziehungskraft der Erde lässt sich nur mit ausreichend hoher Geschwindigkeit überwinden. Um in eine Umlaufbahn um unseren Planeten zu gelangen, muss man mindestens 28 476 Kilometer pro Stunde schnell sein.*

Das erreicht man nur mit großen Mengen an teurem Treibstoff, und man braucht umso mehr davon, je schwerer das Raumfahrzeug ist. Jedes Kilogramm an Nutzlast ist kostbar, und man achtet sehr genau darauf, kein unnötiges Gewicht ins Weltall zu transportieren. Bei Preisen von mehreren 10 000 Euro pro Kilogramm Ladung ist das auch kein Wunder. Am billigsten ist es derzeit, Material mit dem russischen „Progress"-Frachter zur Raumstation zu schicken. Dieses unbemannte Transportraumschiff kann knapp 2300 Kilogramm Ladung ins Weltall bringen, und jedes Kilogramm kostet dabei ungefähr 13 000 Euro. In den seit 2011 nicht mehr aktiven amerikanischen Space-Shuttles war

* Diese Geschwindigkeit kann man allerdings noch ein wenig verringern, wenn man beim Start eines Raumfahrzeugs die Rotationsgeschwindigkeit der Erde ausnutzt. Jedes Objekt dreht sich ja schon mit der Erde selbst um ihre Achse, und zwar umso schneller, je näher man am Äquator ist. Fliegt man von dort in Richtung der Erdrotation ins All, kann man den Schwung der Erde nutzen und muss nicht mehr ganz so schnell sein. Deswegen befinden sich die meisten großen Raketenstartplätze auch möglichst nahe am Äquator.

es noch teurer: Ein Kilogramm Nutzlast kam auf circa 35 000 Euro und damit in etwa genauso teuer wie der Transport mit dem unbemannten Versorgungsraumschiff HTV der japanischen Raumfahrtagentur. Am teuersten ist der Flug mit dem europäischen Weltraumtransporter ATV („Automated Transfer Vehicle"). Ungefähr 43 000 Euro pro Kilogramm Ladung sind hier fällig, und am Ende kann man das Raumschiff nicht einmal wiederverwenden, sondern muss es beim Wiedereintritt in die Erdatmosphäre verglühen lassen. Und auch die neueren Weltraumtransporter privater Firmen, die in der Lage sind, die ISS anzufliegen, sind nicht gerade günstig. Hier fallen pro Kilogramm Ladung bis zu 90 000 Euro an Kosten an (obwohl von den Firmen versprochen wurde, in Zukunft deutlich billiger zu werden).

Ein Liter Trinkwasser, der hier auf der Erde für einen Preis von wenigen Cent aus dem Wasserhahn strömt, kostet im Weltall mehrere 10 000 Euro. Und will man das Wasser nicht in der vergleichsweise nahen Raumstation trinken, sondern zum Beispiel in einer Höhe von 36 000 Kilometern, dort, wo sich die geostationären Kommunikationssatelliten befinden oder gar noch weiter entfernt, auf der Oberfläche des Mondes oder im tiefen Weltall, erhöhen sich die Kosten massiv. Die Raumfahrt ist ein enorm teures Unterfangen, und wenn wir Menschen derzeit nur mit kleinen Schritten im Weltall unterwegs sind und all die fantastischen Visionen riesiger Raumstationen und Siedlungen auf anderen Planeten aus den vergangenen Jahrzehnten immer noch nicht Realität sind, dann ist das unter anderem den hohen Kosten zu verdanken, die anfallen, wenn man irgendetwas ins All transportieren will.

Die Asteroiden können uns hier helfen. Es mag zwar deutlich teurer sein, Rohstoffe im Weltall abzubauen statt auf der Erde. Aber diese Rohstoffe sind dafür dann auch schon direkt im Weltall und müssen nicht mehr dorthin transportiert werden. Der Asteroidenbergbau könnte genau die großen Mengen an Baumaterial liefern, die man benötigt, um im Weltraum all das zu bauen, was wir bis jetzt nur aus Science-Fiction-Büchern kennen.

Schätzt man einen Asteroiden anhand des Werts der Materialien, den sie im Weltraum haben, dann sind die kosmischen Felsbrocken eine wahre Goldgrube. Das von der Firma „Planetary Ressources" betriebene Projekt „Asterank" schätzt zum Beispiel den 980 Meter großen Himmelskörper 1999 JU3 auf einen Wert von 70 Milliarden Euro, mit dem sich 26 Milliarden Euro Profit machen lassen könnten.* Damit ist der ansonsten eher unscheinbare Asteroid das derzeit lohnendste Ziel für eine Bergbaumission. Natürlich gibt es größere Objekte und Himmelskörper, die einen höheren Anteil an verwertbaren Materialien haben. Aber es kommt hier nicht nur auf den Wert der Rohstoffe an sich an. Man muss den Asteroiden ja auch irgendwie erreichen können, und da spielt eine Größe eine wichtige Rolle, die man „Delta-v" nennt. So bezeichnet man den Unterschied zwischen der Geschwindigkeit, mit der sich die Erde um die Sonne bewegt, und der eines Asteroiden. Je größer Delta-v ist, desto mehr Treibstoff ist nötig, um ein Raumschiff entsprechend zu beschleunigen oder abzubremsen, damit es am Ende genauso schnell unterwegs ist wie der Asteroid selbst und dort landen kann.

Im Asteroidengürtel zwischen den Bahnen von Mars und Jupiter kann man große und metallreiche Himmelskörper finden, deren Rohstoffe vermutlich einige Billiarden Euro wert wären. Aber sie sind weit weg, das Delta-v zwischen ihnen und der

* Da die Zusammensetzung der meisten Asteroiden aber noch weitestgehend unbekannt ist, die Marktpreise für Rohstoffe ständig schwanken und für den zu erzielenden Profit im Falle einer Verwendung im All bestenfalls nur grobe Schätzungen existieren, sind diese Zahlen mit Vorsicht zu genießen – was die Betreiber von Asterank aber auch selbst eingestehen.

Erde ist hoch. Kostengünstiger ist es, Asteroiden anzufliegen, die sich sowieso schon in der Nähe der Erde aufhalten. Ein Besuch bei den erdnahen Asteroiden könnte unter Umständen gleich zwei Probleme auf einen Schlag lösen. Je besser wir die Himmelskörper in der Umgebung der Erde kennen, desto eher wissen wir über eine eventuell bevorstehende Kollision Bescheid. Eine Erforschung ihrer Zusammensetzung und Oberflächenstruktur würde uns nicht nur dabei helfen, die richtigen Abwehrmaßnahmen zu treffen. Denn wenn wir dann sowieso schon vor Ort sind, können wir den – hoffentlich ausreichend stark von seinem Kollisionskurs abgelenkten – Asteroiden auch gleich auseinandernehmen und seine Rohstoffe für weitere Projekte verwenden.

Um die Asteroidenabwehr zu verbessern, beispielsweise. Aber auch, um die Raumfahrt allgemein besser, günstiger und vor allem größer zu machen, als sie jetzt ist. Denn in den Asteroiden ist alles vorhanden, was dafür nötig ist.

Dazu muss man die passenden Asteroiden aber erst einmal finden. Von der Erde aus gesehen ist jeder Asteroid nur ein mehr oder weniger heller Lichtpunkt. Es gibt auf den ersten Blick keine Anhaltspunkte, die uns sagen, ob das Licht von einem Himmelskörper reflektiert wird, der viele wertvolle Metalle enthält oder nicht. Und es ist technisch und wirtschaftlich nicht durchführbar, mit einem Raumschiff von Asteroid zu Asteroid zu fliegen und sie der Reihe nach zu untersuchen. Nur eine genaue und aufwendige wissenschaftliche Analyse des Lichts, das uns von den kleinen Himmelskörpern erreicht, kann zumindest ansatzweise Aufschluss über ihre Zusammensetzung bringen.

Metallische Asteroiden strahlen zum Beispiel Wärme anders ab als diejenigen, die hauptsächlich aus Gestein bestehen. Wärmestrahlung aus dem All lässt sich auf dem Erdboden aber so gut wie gar nicht beobachten, da das meiste davon vom Wasserdampf in unserer Atmosphäre absorbiert wird. Für solche Beobachtungen braucht man Weltraumobservatorien, wie das schon in Kapitel 4 erwähnte WISE-Teleskop.

Bis jetzt hat man gerade mal ein paar Dutzend Asteroiden identifiziert, die zweifelsfrei große Menge an Metallen enthalten. Einer von ihnen ist 1986 DA, und seine besondere Zusammensetzung wurde nicht über seine Wärmeabstrahlung entdeckt, sondern durch die Art und Weise, wie er Radiowellen reflektiert. Man kann von den großen Radioteleskopen der Erde aus Radarwellen in Richtung eines Asteroiden ins All schicken, wo sie wieder zurück zu den Beobachtern geworfen werden. Das klappt allerdings nur, wenn der Asteroid nahe genug an der Erde vorbeifliegt. Bei 1986 DA war das glücklicherweise der Fall.

Die Beobachtungen zeigen, dass er erstaunlich viel Radiolicht reflektiert, was auf einen hohen Metallanteil hindeutet. Die Wissenschaftler gehen davon aus, dass er hauptsächlich aus Eisen und Nickel besteht, aber auch kleinere Mengen der sogenannten „Platinmetalle" enthält. Dazu gehören das namensgebende Platin, aber auch andere Edelmetalle wie Palladium, das in der Halbleitertechnik verwendet wird, oder Ruthenium, das unter anderem für den Bau von Computer-Festplatten nötig ist.

Der prozentuale Anteil der Platinmetalle und anderer wertvoller Rohstoffe an der Gesamtmasse von 1986 DA ist nur gering. Aber da der Asteroid über zwei Kilometer groß ist und ein paar Dutzend Billionen Kilogramm wiegt, ist die absolute Menge durchaus bemerkenswert. Aus ihren Beobachtungen schließen die Wissenschaftler, dass man dort neben 10 Milliarden Tonnen Eisen und einer Milliarde Tonnen Nickel noch mindestens 10 000 Tonnen Gold und 100 000 Tonnen Platin gewinnen könnte.

Auf der Erde werden weltweit circa 2700 Tonnen Gold pro Jahr gefördert; bei Platin sind es sogar nur knapp 200 Tonnen (die Menge der insgesamt geförderten Platinmetalle beträgt ungefähr 450 Tonnen pro Jahr). Allein der Asteroid 1986 DA enthält also schon ein Vielfaches der irdischen Jahresproduktion an Edelmetallen. Nach derzeitigen Marktpreisen wären allein das Gold und Platin aus diesem einen Asteroiden also fast 4 Billiarden Euro wert!

Andere, größere Asteroiden haben einen vermuteten Wert von Hunderten Billiarden Euro, und selbst der Wert der Bestandteile des nur knapp 40 Meter großen Asteroiden 2012 DA14, den wir schon im ersten Kapitel bei seinem knappen Vorbeiflug an der Erde kennengelernt haben, wird auf 150 Milliarden Euro geschätzt, obwohl es sich im Gegensatz zu 1986 DA nicht um einen Metall-Asteroiden handelt. Aber auch die Menge an Rohstoffen, die man in den Gesteinskörpern finden kann, ist noch beträchtlich.

Natürlich muss man die irrsinnig hohen Geldbeträge, die im Zusammenhang mit dem Asteroidenbergbau gerne genannt werden, mit Vorsicht genießen. Sollten wir irgendwann technisch tatsächlich dazu in der Lage sein, Gold, Platin und andere Edelmetalle in solch großen Mengen aus dem All auf die Erde zu transportieren, würde natürlich auch der Preis entsprechend sinken. Niemand wäre mehr bereit, dafür die hohen Summen zu bezahlen, die heute am Rohstoffmarkt verlangt werden. Das muss aber nicht unbedingt bedeuten, dass Gold und Platin auf einmal wertlos werden würden. Wären sie im Überfluss vorhanden, würden wir die Metalle wahrscheinlich nicht mehr als wertvolle Schmuckstücke oder Währung verwenden. Aber mit Sicherheit würde man neue Verwendungsmöglichkeiten entdecken.

Das beste Beispiel dafür ist die Geschichte des Metalls Aluminium. Obwohl es so einen großen Teil der Erdkruste ausmacht (es ist nach Sauerstoff und Silicium das dritthäufigste Element in der Erdkruste), wurde es erst im Jahr 1808 das erste Mal vom britischen Chemiker Humphrey Davy beschrieben. Er konnte es zwar nachweisen, aber noch nicht in reiner Form herstellen. Das schaffte erst 1825 der dänische Physiker Hans Christian Ørsted. Die Methode war kompliziert, die produzierte Menge sehr gering und Aluminium zur damaligen Zeit wertvoller als Gold. Das neue, silbern glänzende Metall war so schwer zu gewinnen, dass die geförderte Menge nur knapp ein Tausendstel der damaligen Goldproduktion betrug.

Der Status dieses Metalls spiegelte sich auch in seiner Verwendung wider. Es war ein Luxusprodukt für die Reichen der damaligen Welt, die sich daraus Schmuck oder edles Besteck anfertigen ließen. Und als man Mitte des 19. Jahrhunderts in den Vereinigten Staaten von Amerika dem ersten Präsidenten George Washington ein Denkmal setzen wollte, krönte man den 170 Meter hohen Obelisken des „Washington-Monuments“ mit einer 2,85 Kilogramm schweren Pyramide aus reinem Aluminium.

Erst 1859 publizierte der französische Chemiker Henri Étienne Sainte-Claire Deville ein verbessertes Verfahren zur Herstellung von Aluminium, das deutlich billiger und effektiver war, wodurch der Marktpreis des Metalls massiv einbrach. Aluminium war nun kein Luxusprodukt mehr, sondern Massenware. Das machte den Rohstoff aber nicht nutzlos – ganz im Gegenteil: Gerade weil man Aluminium nun überall verwenden konnte, taten sich zahllose neue Verwendungsmöglichkeiten auf. Als leichtes Baumaterial mit geringer Dichte wird es heute bei der Konstruktion aller möglichen Fahrzeuge und Maschinen eingesetzt; wir verwenden es in der Elektrotechnik und der Optik und verbrennen Aluminiumpulver sogar als Raktentreibstoff. Das Material, das sich früher nur die Reichsten der Reichen leisten konnten, dient heute als Getränkedose für Cola und Bier oder Einwickelfolie für unser Butterbrot und wird nach der Benutzung (leider) meist achtlos weggeworfen. Aluminium ist heute bei weitem nicht so wertvoll, wie es das früher war. Aber es ist dafür wesentlich nützlicher geworden und hat durch seine massenhafte Verfügbarkeit die Entwicklung unserer Zivilisation beeinflusst.

Es ist nicht unwahrscheinlich, dass der gleiche Prozess stattfindet, wenn wir in Zukunft große Mengen an Rohstoffen auf die Erde bringen, die heute hier nur in geringen Mengen abgebaut werden können. Die „seltenen Erden" zum Beispiel sind eine Gruppe von 17 Metallen, ohne die unsere moderne Technik nicht auskommen würde. Egal ob es sich um Brennstoffzellen handelt, LCD- und Plasmabildschirme, Laser, Katalysatoren und Partikelfilter, Elektromotoren und Magnete, LEDs, Glasfaserkabel, Computer oder Handys: Überall werden die Metalle der seltenen Erden gebraucht. Die weltweit geförderte jährliche Menge beträgt aber derzeit nur wenig mehr als 100 000 Tonnen, fast alles davon wird von China produziert. Das macht diese Rohstoffe nicht nur teuer und damit wertvoll, sondern die ganze Welt auch abhängig von einer einzigen Quelle. Würden wir die seltenen Erden aus dem Weltall gewinnen, wo sie in großen Mengen vorhanden sind, wären sie zwar nicht mehr so wertvoll. Der Einfluss, den die dann massenhaft verfügbaren Rohstoffe auf unsere Industrie und Technik hätten, lässt sich jedoch kaum überschätzen.

Vorerst ist die Verwendung von außerirdischen Rohstoffen für die irdische Industrie noch reine Science-Fiction. Material aus dem All auf die Erde zu bringen ist nicht billiger, als es von der Erde ins All zu transportieren. Es geht darum, die Raumfahrt billiger zu machen und es der Menschheit zu ermöglichen, *wirklich* ins Weltall aufzubrechen, anstatt ein paar hundert Kilometer über der Erdoberfläche stecken zu bleiben, so wie es jetzt der Fall ist. Dabei können uns die Metalle aus den Asteroiden helfen – aber auch das dort vorhandene Wasser.

Denn wir wollen ja nicht nur Raumstationen, Raumschiffe oder Basen auf anderen Himmelskörpern bauen, sondern auch irgendwann Menschen dorthin schicken. Diese Menschen brauchen Sauerstoff, den sie atmen können, Wasser zum Trinken und um Pflanzen bewässern zu können und Treibstoff, um die diversen Maschinen antreiben zu können. Und das Eis in den Asteroiden liefert uns all das.

Man darf sich dabei allerdings keine großen Eisbrocken vorstellen, die man einfach aufsammeln kann. Das gefrorene Wasser ist in das Gestein der Asteroiden eingebettet und muss erst extrahiert werden. Man muss das Eis also genauso abbauen wie andere Rohstoffe: Asteroidenmaterial einsammeln, zerkleinern, erhitzen und dann den entstehenden Wasserdampf auffangen. Das ließe sich unter Umständen automatisch durchführen, ohne auf dem Asteroiden zu landen.

In Kapitel 4 wurden große Laser eingesetzt, um damit auf Asteroiden zu feuern und sie so von ihrer Bahn abzulenken. Mit der gleichen Methode könnte man aber auch ihr Wasser extrahieren, sammeln und für unsere Verwendung bereitstellen. Wasser kann entweder direkt benutzt oder aber in seine Bestandteile aufgespalten werden. Der Sauerstoff kann dann für die Luftversorgung von Raumschiffen und -stationen benutzt werden und der Wasserstoff als Treibstoff.

Die Asteroiden haben all das, was wir im Weltall benötigen. Wir müssen es uns nur holen. Das klingt leider einfacher, als es tatsächlich ist. Wir haben zwar mittlerweile eine ganz gute Vorstellung davon, was man auf den Felsbrocken im All alles finden und wozu man es benutzen kann. Wir haben jede Menge Pläne für Asteroidenbergbau, und viele Investoren sind begeistert angesichts der Billiarden, die sie mit dem Abbau der kosmischen Rohstoffe verdienen wollen. Aber wie man das alles *konkret* anstellen soll, dafür gibt es keinerlei Masterplan.

Auf Asteroiden landen

Die Asteroiden, auf denen bisher Raumfahrzeuge gelandet sind, lassen sich an den Fingern einer Hand abzählen. Genaugenommen an zwei Fingern einer Hand. 2001 landete die NASA-Raumsonde NEAR Shoemaker auf dem Asteroiden Eros, 2005 erreichte die japanische Mission Hayabusa die Oberfläche des Asteroiden Itokawa. Dazu kommen noch ein knappes Dutzend Asteroiden, in deren Nähe diverse Raumfahrzeuge vorbeigeflogen sind. Das ist besser als nichts, und wir haben von diesen Ausflügen zu den kleinen Felsbrocken im All jede Menge gelernt. Als ernsthafte Vorbereitung für die Nutzung der Rohstoffe im Weltraum kann man das aber nicht ansehen. Das soll sich in Zukunft ändern.

Der Traum von der Eroberung des Weltalls durch den Menschen ist älter als die Raumfahrt selbst. Und von Anfang an war der Flug zu anderen Himmelskörpern wie Mond oder Mars eines der wichtigsten Ziele der diversen Raumfahrtagenturen. Der Kalte Krieg zwischen der Sowjetunion und den USA in der letzten Hälfte des 20. Jahrhunderts hat diesen Prozess beschleunigt und schließlich zur bemannten Landung auf dem Mond im Juli 1969 geführt. Als Nächstes sollte der Mars folgen – aber auch wenn wir in dem halben Jahrhundert seit der Mondlandung viele Raumsonden zu unserem Nachbarplaneten geschickt haben: Menschen haben den Mars immer noch nicht betreten.

Es gibt derzeit zwar unterschiedliche Pläne, dieses Ziel doch noch zu erreichen (siehe Kapitel 7), aber immer nur „irgendwann in der Zukunft", ohne dabei konkret zu werden. Das letzte Mal scheiterten die Bemühungen, als US-Präsident Barack Obama im Jahr 2010 das Constellation-Programm der NASA einstellte. Von seinem Vorgänger, George W. Bush, im Jahr 2004 ins Leben gerufen, sollte Amerika neue Raketen und Raumfahrzeuge entwickeln, mit denen man bis zum Jahr 2020 zum Mond zurückkehren und danach zum Mars aufbrechen wollte.

Aber noch bevor man mit der Planung dieser Missionen beginnen konnte, wurde Constellation aus finanziellen Gründen eingestellt. Mittlerweile hat sich die NASA allerdings ein anderes Ziel gesetzt. Ein Ziel, das vielleicht nicht so spektakulär ist wie ein bemannter Flug zum Mars, dafür aber realistischer und nicht weniger ambitioniert. Die amerikanische Raumfahrtagentur scheint die Notwendigkeit der Asteroiden auf dem Weg ins All erkannt zu haben und möchte im Rahmen der „Asteroid Redirect Mission (ARM)“* im nächsten Jahrzehnt einen kleinen Asteroiden einfangen, in die Nähe der Erde transportieren und dann von Astronauten besuchen lassen.

Zuerst soll ein passender Himmelskörper ausgewählt werden. Er sollte sich nicht allzu weit entfernt befinden, also zur Gruppe der erdnahen Asteroiden gehören. Bis jetzt wurde noch kein Kandidat genannt, aber der kleine Felsbrocken mit dem Namen 2011 MD gilt als vielversprechendes Ziel. Der nur knapp sechs Meter durchmessende Himmelskörper flog am 27. Juni 2011 in nur 12 000 Kilometern Entfernung an der Erde vorbei und wird 2023 und 2024 wieder vergleichsweise nah an unserem Planeten vorbeikommen.

Dann soll sich ein Raumschiff ausgerüstet mit einem Ionenantrieb auf den Weg zu 2011 MD machen. Es wird allerdings nicht auf dem Asteroiden landen, sondern ihn in einer Art großem Sack einfangen und danach abschleppen. Ungefähr auf der Höhe der Mondbahn soll der kleine Himmelskörper wieder entlassen werden und danach den Mond umkreisen.

Ist die Mission erfolgreich, hätte die Erde ihren eigenen kleinen Asteroiden, der dann von Astronauten besucht und analysiert

* Auch bekannt als „Asteroid Retrieval and Utilization (ARU)“-Mission.

werden soll. Wir könnten direkt vor Ort etwas über die Zusammensetzung des Asteroiden lernen und unter anderem Techniken zur Ausbeutung der Rohstoffe erproben. Wir hätten aber auch erstmals demonstriert, dass wir tatsächlich in der Lage sind, die Bahn eines Asteroiden zu verändern. Das erste Mal in der Geschichte hätten wir Menschen in den Ablauf der Dynamik des Sonnensystems eingegriffen und einen ganzen Himmelskörper von einem Ort zu einem anderen transportiert. Das mag auf den ersten Blick nicht so spektakulär erscheinen wie ein mutiger Astronaut, der seinen Fußabdruck im Staub eines anderen Planeten hinterlässt und dort stolz eine Fahne aufstellt. Aber bei genauerer Betrachtung wäre ein Erfolg der „Asteroid Redirect Mission" noch viel spektakulärer als eine bemannte Landung. Denn damit hätten wir Menschen gezeigt, dass wir prinzipiell in der Lage sind, die Bedingungen im Sonnensystem zu unseren Gunsten zu *verändern,* anstatt einfach „nur" von Himmelskörper zu Himmelskörper zu fliegen. Wir wären nicht mehr nur passive Reisende im Weltall, sondern würden die dort vorhandenen Ressourcen aktiv für unsere Zwecke nutzen.

Mit einem nur wenige Meter großen Felsbrocken wie 2011 MD lässt sich natürlich in der Praxis nicht viel anfangen. Wir können daraus keine riesige Raumstation bauen und auch kein großes Raumschiff, das uns hinaus zu den Sternen bringt. Aber wir würden extrem viel darüber lernen, was es bedeutet, länger andauernde Missionen und Konstruktionsvorhaben im Weltraum durchzuführen. Die Kontrolle eines kleinen Asteroiden wäre der erste Schritt auf dem Weg zurück zum Mond und weiter zum Mars (und sie wird von der NASA auch ganz deutlich als „Meilenstein" für einen bemannten Marsflug irgendwann in den 2030er Jahren bezeichnet).

Es bleibt zu hoffen, dass nicht auch diese ambitionierten Pläne der NASA kurzfristigen politischen Überlegungen und Sparplänen zum Opfer fallen. Das passiert den nationalen Raumfahrtagenturen aber leider immer häufiger. Und vielleicht wird deswegen in Zukunft über dem ersten eingefangenen Asteroiden auch nicht die Fahne eines Nationalstaats gehisst, sondern eine mit dem Logo einer privaten Firma.

Aber selbst wenn die NASA ihren eigenen Asteroiden nicht einfangen sollte, werden wir in Zukunft auf jeden Fall mehr über Asteroiden und Kometen lernen. Die Europäische Weltraumagentur ESA hat schon im Jahr 2004 ihre Raumsonde „Rosetta" auf den Weg gebracht. Ihre Reise war lang; mehr als 10 Jahre war sie unterwegs, bevor sie im August 2014 endlich weit hinter der Bahn des Mars beim Kometen 67P/Tschurjumow-Gerasimenko ankam. Dieser lange Flug war jedoch nötig, denn man wollte das erste Mal einen Kometen nicht nur aus der Ferne beobachten oder an ihm vorbeifliegen, sondern ihn auf seinem Weg um die Sonne begleiten. Rosetta nahm eine Umlaufbahn um 67P/Tschurjumow-Gerasimenko ein und fliegt seitdem gemeinsam mit ihm durchs All. Aus nur wenigen Kilometern Entfernung können die Instrumente der Sonde nun live dabei zusehen, wie der Himmelskörper langsam wärmer wird, sein Eis ins All hinaus entweicht und dabei der typische Kometenschweif entsteht.

Rosetta wird außerdem die Landeeinheit „Philae" absetzen. Sie wird auf der Oberfläche des Kometen aufsetzen und kann direkt vor Ort diverse chemische und geologische Untersuchungen durchführen. Philae wird zum Beispiel nachsehen, ob sich im Eis des Kometen komplexe Aminosäuren befinden. Diese Moleküle sind die Bausteine, aus denen einst das Leben auf der Erde entstanden ist, und es kann gut sein, dass sie bei Kollisionen von Asteroiden und Kometen mit unserem Planeten dorthin gelangt sind. Dass es diese Aminosäuren auch im Weltall gibt, wurde bereits nachgewiesen; zum Beispiel an Meteoriten oder durch die Beobachtung ferner Gaswolken mit Radioteleskopen. Aber die

Mission von Rosetta und Philae erlaubt zum ersten Mal eine Untersuchung des ursprünglichen Materials direkt im Weltall. Auf der Erde haben die Aminosäuren alle eine ganz bestimmte Form. Sollte man diese Form auch auf dem Kometen finden können, wäre das ein deutlicher Hinweis darauf, dass die Bausteine des Lebens tatsächlich aus dem Kosmos stammen.

Auch die japanische Raumfahrtagentur JAXA widmet sich der Erforschung der Kleinkörper im Sonnensystem. Nachdem ihre Raumsonde „Hayabusa" schon 2005 auf dem Asteroiden Itokawa gelandet ist und von dort erfolgreich Bodenproben zurück zur Erde gebracht hat, will man diesen Erfolg mit „Hayabusa-2" wiederholen und überbieten. Die neue Reise geht zum Asteroiden 1999 JU3, und diesmal will man nicht nur ein paar kleine Staubpartikel von der Oberfläche aufsammeln, wie es Hayabusa getan hat. Man plant, den Asteroiden mit einem Projektil aus dem All zu beschießen und tiefer liegendes und ursprünglicheres Material aufzuwirbeln, das danach von der Raumsonde aufgesammelt wird. Läuft alles nach Plan, werden diese einzigartigen Bodenproben im Jahr 2020 mit der Rückkehr der Sonde auf der Erde eintreffen.

Raumfahrt ganz privat

Im Jahr 2010 gründeten die amerikanischen Luftfahrtingenieure Peter Diamandis und Eric Anderson eine Firma, die heute den Namen „Planetary Resources Inc." trägt. Zu den Investoren gehören unter anderem der Milliardär und Google-Gründer Larry Page, der Regisseur James Cameron, der Milliardär und Microsoft-Manager Charles Simonyi und diverse andere Leute, die neben jeder Menge Einfluss auch jede Menge Geld übrig haben. Das Ziel von „Planetary Resources" ist simpel: die Rohstoffe der Asteroiden abzubauen um damit noch mehr Geld zu verdienen.

Dieser Plan soll in drei Stufen umgesetzt werden. Zuerst will man eine Flotte kleiner Satelliten bzw. Weltraumteleskope bauen, die von einem Orbit um die Erde aus auf die Suche nach lohnenden Zielen gehen. Im nächsten Schritt möchte man einen „Interceptor“ konstruieren, also ein Raumfahrzeug, das in der Lage ist, die Erdumlaufbahn zu verlassen und Asteroiden in der näheren Umgebung zu besuchen. So will man Daten vor Ort sammeln, um herauszufinden, wo sich ein Abbau von Rohstoffen tatsächlich lohnt. In einem dritten Schritt möchte man dann auch Raumsonden bauen, die weiter hinaus ins Sonnensystem fliegen und weit entfernte Asteroiden untersuchen können.

Angesichts des derzeitigen Stands der privaten Raumfahrtbemühungen sind die Pläne von „Planetary Resources“ äußerst ambitioniert. Ob sie aber auch realistisch sind, muss sich erst zeigen. Im Mai 2013 konnten bei einer Spendenaktion im Internet 1,1 Millionen Euro eingesammelt werden, mit denen man nun ein erstes kleines Weltraumteleskop bauen möchte. „Arkyd-100“ wird nur 20 Kilogramm schwer sein und soll 2015 ins All fliegen. Ob dieses winzige Teleskop dann tatsächlich eine wichtige Rolle bei der Erforschung von Asteroiden spielen wird, ist zweifelhaft. Es handelt sich dabei wohl eher um eine PR-Aktion, auch die Gründer von „Planetary Resources“ selbst haben ihre Ziele mittlerweile ein wenig zurückgeschraubt. Anstatt die Rohstoffe der Asteroiden komplett abzubauen, wollen sie nun „nur“ noch mit Roboterraumsonden zu den Himmelskörpern fliegen und ohne dort zu landen das im Gestein enthaltene Wasser einsammeln. Es soll in Treibstoff umgewandelt werden und zurück in eine Umlaufbahn der Erde gebracht werden. Damit sollen dort „Tankstellen“ entstehen, an denen Satelliten bei Bedarf ihre Vorräte auffüllen können.

Wie das konkret funktionieren soll, ist unklar. Ebenso unklar wie es die Pläne anderer privater Firmen (zum Beispiel „Deep

Space Industries“ oder „Kepler Energy & Space Engineering“) sind, die ebenfalls Rohstoffe im Weltall gewinnen wollen.

Aber ob es nun staatliche Raumfahrtagenturen oder private Firmen sein werden: Früher oder später *werden* wir uns die Asteroiden zunutze machen. Wir werden es müssen, wenn wir nicht auf der Erde stecken bleiben wollen. Der Flug ins All wird weiterhin teuer und gefährlich sein, aber der Entdeckergeist und das Profitstreben der Menschheit konnten dadurch bis jetzt noch nie langfristig aufgehalten werden. Vor Jahrhunderten haben wir Schiffe gebaut, ausgerüstet und viel Geld für gefährliche Fahrten über die unbekannten Ozeane der Erde ausgegeben, ohne zu wissen, ob sie zurückkehren und was sie dort finden würden. Die Hoffnung, neue Länder mit neuen Ressourcen zu entdecken, und die Aussicht auf neue und profitablere Handelsrouten reichten aus, um alle Widerstände zu überwinden. Die „Entdeckung“ Amerikas durch Christoph Kolumbus* geschah nicht aus dem Wunsch heraus, „neues“ Land zu finden (und schon gar nicht, um zu beweisen, dass die Erde rund ist – das war den Leuten damals allen schon lange klar). Spanien finanzierte die Reisen von Kolumbus, weil es sich die Entdeckung von neuen Schifffahrtswegen erhoffte, auf denen man Asien schneller erreichen und die Portugiesen beim profitablen Gewürzhandel schlagen konnte.

Die Vision des Unbekannten, die Vision von Reichtum wird uns Menschen irgendwann auch in den Weltraum hinaus führen. Denn zu entdecken und zu verdienen gibt es dort genug. Wir müssen nur den ersten Schritt wagen und *einmal* viel Mühe und Geld investieren. Dann geht der Rest fast von selbst.

* Der nordamerikanische Kontinent wurde schon vor über 1000 Jahren von skandinavischen Seeleuten gesichtet, Kolumbus entdeckte genau genommen nur die karibischen Inseln.

Kapitel 6
Ein Fahrstuhl zu den Sternen

Der Fahrstuhl, den wir jetzt betreten, fährt nicht im Inneren von Gebäuden. Der Eingang zu diesem Fahrstuhl befindet sich mitten im Ozean, weitab von jeder Küste und direkt am Äquator. Auf der Anreise mit dem Schiff ist er schon von weitem zu erkennen. Aus dem Meer erhebt sich eine große Plattform mit einem noch größeren Tiefseehafen, an dem schon Fracht- und Passagierschiffe aus aller Welt angelegt haben. Eine kleine Stadt wurde hier mitten im Wasser errichtet, mit Hotels, Fabriken, Abfertigungsterminals und all der Infrastruktur, die man sonst nur auf dem Land finden kann.

Riesige Laser strahlen von der Basis der Plattform senkrecht nach oben und beleuchten das unmögliche Kabel, das im Nirgendwo des Himmels zu verschwinden scheint. Das Auge kann ihm nicht bis zu seinem Ende folgen, denn das befindet sich über 140 000 Kilometer weit entfernt im Weltall; fast schon auf halbem Weg zwischen der Erde und dem Mond. Wir können nur den Anfang sehen, bevor das Kabel irgendwann unendlich dünn zu werden scheint und sich nur ab und zu durch ein leichtes Glitzern im Licht der Sonne verrät.

Unser Schiff legt im Hafen an, und wir machen uns auf den Weg in das Hotel, um auf die Abfahrt des Lifts zu warten. Denn im Gegensatz zu den normalen Fahrstühlen kann man hier nicht einfach einen Knopf drücken und einsteigen. Dieser Fahrstuhl fährt nach einem exakt abgestimmten Fahrplan. Bevor wir ihn überhaupt betreten dürfen, müssen wir einen Einführungskurs absolvieren, uns mit den Maßnahmen für einen Notfall vertraut machen, unser Gepäck und uns selbst wiegen und kontrollieren lassen und viele Sicherheitskontrollen durchlaufen.

Während wir warten, dass wir endlich einsteigen können, spüren wir die leichte Bewegung der Plattform, die sich langsam im Meer hin und her wiegt und das Kabel in sanfte Schwingungen versetzt. Vermutlich fliegt weiter oben im All gerade ein Satellit vorbei, dem man ausweichen will. Aus den großen Panoramafenstern im Wartebereich können wir nun auch weit über unseren Köpfen eine der Kabinen näher kommen sehen. Obwohl sie sich mit über 200 Kilometern pro Stunde bewegt, scheint es eine Ewigkeit zu dauern, bis sie an dem langen Kabel bis zur Plattform hinuntergewandert ist.

Nachdem die aus dem All zurückkehrenden Reisenden ausgestiegen und die Fracht entladen ist, können wir den Fahrstuhl das erste Mal betreten. Hier müssen wir nicht stehen wie in den Aufzügen in den Städten. Dieser Fahrstuhl ist keine enge Kabine, sondern ähnelt mehr einem Schnellzug mit bequemen Sitzplätzen, komfortablen Schlafkojen, Aufenthaltsbereichen und Speisewagen. Der Schnellzug aber fährt auf Schienen, die senkrecht nach oben in den Himmel führen.

Mittlerweile haben alle Passagiere ihre Plätze eingenommen, Gepäck und Fracht wurden sicher verstaut, die Begleiter an Bord haben uns noch ein letztes Mal über den Verlauf der Reise und die Sicherheitsmaßnahmen informiert. Wir können nun hören, wie die riesigen Laser an der Außenseite der Plattform langsam warmlaufen. Der Reihe nach werden sie auf die Solarzellen an der Seite der Kabine gerichtet, die nötige Energie für unsere lange Fahrt wird in die Maschinen transferiert. Pünktlich zur geplanten Abfahrtszeit beginnen wir unseren Aufstieg.

Das Licht der Laser begleitet uns auf unserem Weg in den Himmel. Wir steigen weiter, bis die Plattform im Meer nicht mehr zu sehen ist und dafür die gerade noch ferne Küste in unserem Blickfeld auftaucht. Die Kabine fährt immer weiter nach oben, und schon nach wenigen Minuten sind wir höher, als jedes Flugzeug fliegen könnte. Am Ende unserer Reise werden wir den blauen Planeten in seiner gesamten Schönheit sehen können.

Dieser Fahrstuhl bringt uns hinaus ins Weltall, hinauf zu den Raumstationen in der Umlaufbahn der Erde. Er bringt die Weltraumtouristen in die kosmischen Hotels, die Arbeiter zu den eingefangenen Asteroiden, um dort Rohstoffe abzubauen, und die Wissenschaftler in ihre Forschungsstationen in der Umgebung der Erde. Nur einige Forscher werden tage- oder wochenlang in der Kabine bleiben und bis zum Ende des Kabels reisen. Von dort aus werden sie noch weiter hinaus ins All geschleudert, um den Mond, den Mars oder die Monde des Jupiter zu besuchen. Der Fahrstuhl und sein unmögliches Kabel haben die Menschheit mit dem Rest des Universums verbunden…

Leider gibt es diesen Fahrstuhl nicht. Noch nicht. Denn es klingt zwar nach reiner Science-Fiction, ein über 100 000 Kilometer langes Kabel von der Erde bis ins Weltall zu spannen und daran mit einem Aufzug hoch- und runterzufahren. Aber rein theoretisch wäre das möglich. Und mittlerweile stehen wir kurz davor, dieses Projekt auch in die Praxis umsetzen zu können. In wenigen Jahren wird vermutlich nur noch eines fehlen, um den Weltraumfahrstuhl Realität werden zu lassen: der Wille (und das nötige Geld), ihn zu bauen.

Uns würde dann eine völlig neue Art der Raumfahrt zur Verfügung stehen. Anstatt die gefährliche Reise mit großen Raketen zu unternehmen, die nur kleine Mengen an Material und wenige Personen ins All bringen können, könnten wir bequem in einen Aufzug einsteigen. Die Astronauten müssten nicht mehr eingepfercht und auf Tonnen hochexplosiven Treibstoffs sitzend darauf hoffen, dass der Start der Rakete ohne Katastrophe verläuft, und es wären auch nicht mehr nur lange und teuer ausgebildete Astronauten, die ins All reisen könnten. Der Weltraum stünde allen Menschen offen. Wir könnten all die Visionen umsetzen, die wir bis jetzt nur aus der Science-Fiction kennen. Wir könnten *wirklich* große Raumstationen bauen, Material von den Asteroiden in rauen Mengen zur Erdoberfläche schaffen, mit Raumschiffen zu anderen Planeten fliegen, Solarkraftwerke im All bauen und damit unseren Energiebedarf decken, große Sternwarten im All oder auf dem Mond errichten, völlig neue wissenschaftliche Erkenntnisse gewinnen und Dinge tun, von denen wir uns heute noch nicht einmal vorstellen können, dass sie überhaupt möglich sind.

Wenn erst einmal ein funktionstüchtiger Weltraumfahrstuhl existiert, sind alle weiteren Vorhaben im All – unter anderem der Bau weiterer Aufzüge – sehr viel einfacher und billiger durchführbar. Wir müssen es nur irgendwie schaffen, diese erste Hürde zu nehmen.

Das Problem mit der Fortbewegung im All und der Reise in den Weltraum ist subtil. Die Physik die dahintersteckt, ist eigentlich simpel: Es geht darum, einen Impuls zu übertragen, auf der Erde ist das kein großes Problem. Die Reifen eines Autos stoßen sich an der Straße ab; die Turbinen eines Flugzeug nehmen auf der einen Seite Luft auf und drücken sie auf der anderen Seite wieder hinaus und sich selbst damit vorwärts, und selbst wir Menschen nutzen unsere Füße, um damit einen Impuls vom und zum Erdboden zu übertragen. Aber eine Rakete im Weltall kann das nicht – denn dort ist nichts, was einen Impuls übertragen kann. Genau dafür braucht man ja die Unmengen an Treibstoff, die sogenannte „Stützmasse“. Die Rakete muss quasi das, an dem sie sich abstößt, selbst ins All mitbringen. Je mehr Masse mit umso höherer Geschwindigkeit ausgestoßen wird, desto schneller bewegt sich die Rakete in die andere Richtung davon. Und je mehr man ins All transportieren will, desto mehr Stützmasse beziehungsweise Treibstoff braucht man dafür – was wiederum die Gesamtmasse des Raumfahrzeugs erhöht und noch mehr Treibstoff nötig macht, bis am Ende zum Beispiel die große Ariane-V-Rakete der Europäischen Weltraumagentur ESA fast 800 Tonnen wiegt, nur um 10 Tonnen an Nutzlast ins All bringen zu können.

Die Erfinder des Weltraumlifts

Die mathematischen und physikalischen Grundlagen des Prinzips mit der Stützmasse und dem Raketenantrieb stammen von Konstantin Eduardowitsch Ziolkowski. Der Mathematiklehrer aus der russischen Provinz, der schon als Kind vom Weltraum träumte und mit Begeisterung die Geschichten von Jules Verne und anderen frühen Science-Fiction-Autoren las, gilt heute als „Vater der Raumfahrt“. 1903 entwickelte er die sogenannte „Raketengrundgleichung“, nach der die Raumfahrt heute noch arbeitet und mit der Ziolkowski erstmals zeigen konnte, dass ein Flug ins All tatsächlich möglich ist.

Schon acht Jahre zuvor hatte Ziolkowski allerdings eine Idee, wie man auch auf andere Art und Weise ins All gelangen kann, und zwar ganz ohne Raketenantrieb. Im Jahr 1895 war er zu Besuch bei der Weltausstellung in Paris und sah dort den 324 Meter hohen Eiffelturm, der extra für die Ausstellung gebaut worden und zur damaligen Zeit das höchste Gebäude der Welt war. Was, so stellte sich Ziolkowski vor, wenn man einen noch höheren Turm bauen würde? Einen Turm, der bis ins Weltall reicht?

Würde man so einen Turm immer weiter nach oben klettern, nähme die Gravitationskraft, die von der Erde wirkt, immer weiter ab. Gleichzeitig würde aber die Zentrifugalkraft immer stärker, denn der Turm wird ja mit der Erde um ihre Achse herum gedreht. Irgendwann hätten wir einen Punkt erreicht, an dem der Zuwachs der Zentrifugalkraft die Abschwächung der Gravitationskraft ausgleicht und beide Kräfte sich gegenseitig aufheben. An dieser Stelle des Turms wären wir schwerelos; genauso wie ein Satellit, der sich in einer Umlaufbahn um die Erde befindet, oder ein Astronaut in der Raumstation. Auch sie sind ja nicht deswegen schwerelos, weil die Gravitation der Erde nicht mehr auf sie wirkt, die ist immer noch vorhanden, sondern weil sich die Astronauten in ihrer Station so schnell *um* die Erde herum bewegen. Sie werden von der Erde zwar immer noch angezogen, aber wegen ihrer hohen seitlichen Geschwindigkeit fallen sie um die Erde herum. Dank der Zentrifugalkraft spüren sie nichts mehr von der Gravitation und befinden sich im „freien Fall".

Auf einem gigantischen Turm, wie ihn sich Ziolkowski vorstellte, könnten wir ganz ohne Raketen und „Stützmasse" einfach in den Weltraum *gehen*. Wir müssen nur hoch genug klettern, und wenn wir den Turm an der richtigen Stelle verlassen, haben wir automatisch eine ausreichende Geschwindigkeit und befinden uns in einer Umlaufbahn um die Erde.

Es ist allerdings unmöglich, ein so gewaltiges Bauwerk zu errichten. Bei einem Turm lastet das gesamte Gewicht auf seiner Basis, und die muss umso größer sein, je mehr Masse sie halten soll. Ein Gebäude, das hoch genug wäre, um als Verbindung zum Weltall zu dienen, wäre so enorm schwer, dass die Kruste der Erde es nicht mehr halten könnte. Selbst wenn man irgendwo ein Material in ausreichender Menge finden würde, das stark genug wäre, um so ein riesiges Gebäude zu errichten: Ziolkowskis Turm würde einfach in die Erde sinken.

Aber es ist gar nicht nötig, das gesamte Gewicht von unten zu halten. Man kann es auch von der anderen Seite angehen und den Turm im Weltall verankern. Diese Idee hatte im Jahr 1957 der sowjetische Ingenieur Juri Nikolajewitsch Arzutanow (der seine Ideen in einer Arbeit mit dem fantasievollen Titel *Mit der Elektrolokomotive ins Weltall* veröffentlichte). Mittlerweile waren die Visionen von Ziolkowski zumindest teilweise Realität geworden. Die ersten Raketen flogen ins All, und am 4. Oktober 1957 umkreiste mit Sputnik 1 auch der erste künstliche Satellit unsere Erde. Warum also nicht, so die Überlegung von Arzutanow, einfach ein langes Seil von einem Satelliten im All bis hinunter zur Erde lassen? Man bräuchte dann keinen großen Turm auf der Erdoberfläche, sondern müsste das Ende des Seils dort einfach nur irgendwie verankern.

Natürlich kommt es dabei auf die Geschwindigkeit an. Die Raumstation ISS beispielsweise fliegt in knapp 400 Kilometern Höhe um die Erde. Damit sie im Orbit bleiben kann, muss sie sich mit einer Geschwindigkeit von 28 000 Kilometern pro Stunde bewegen, sie umkreist die Erde alle 90 Minuten einmal. Würde man ein Seil von der ISS zur Erde lassen, würde es sich schnell um die Erde herumwickeln und jede Menge Chaos anrichten. Aber schon seit der revolutionären Arbeit von Johannes Kepler zu Beginn des 17. Jahrhunderts wissen wir, dass es einen Ort im All gibt, an dem ein Weltraumlift tatsächlich funktionieren kann.

Keplers drittes Gesetz beschreibt mathematisch den Zusammenhang zwischen der Umlaufzeit eines Planeten um die Sonne und seinem Abstand von ihr. Je weiter entfernt, desto länger braucht man für einen kompletten Orbit. Bei Merkur, dem sonnennächsten Planet, sind es beispielsweise nur 88 Tage, die ein Jahr währt. Die Erde braucht bekanntlich 365 Tage, um sich einmal um die Sonne herumzubewegen. Beim weiter von der Sonne entfernten Mars sind es 687 Tage, und der ferne Neptun braucht ganze 165 Jahre, um unseren Stern einmal zu umrunden. Kepler fand nun eine mathematische Formel, mit der sich genau berechnen lässt, wie lange ein Umlauf dauert. Sie funktioniert nicht nur bei Planeten und Sternen, sondern immer, wenn ein Objekt ein anderes umkreist.

Sie gilt auch im Fall von Satelliten, die sich im Orbit um die Erde befinden. Je näher an der Erdoberfläche, desto schneller die benötigte Geschwindigkeit und desto kürzer ein Umlauf. Forschungssatelliten zur Erdbeobachtung (oder auch die Spionagesatelliten des Militärs) fliegen alle relativ niedrig in nur wenigen 100 Kilometern Höhe im sogenannten „Low Earth Orbit (LEO)". Sie umkreisen die Erde ungefähr ein Dutzend Mal pro Tag. Weiter oben, im „Medium Earth Orbit (MEO)" kann man zum Beispiel die Satelliten finden, die wir zur Navigation mittels GPS verwenden. Sie fliegen ungefähr 20 000 Kilometer hoch durchs All und brauchen für eine Umrundung der Erde schon fast einen halben Tag. Aber wenn man sich weit genug entfernt, gelangt man zwangsläufig an einen Punkt, an dem ein Satellit für eine Runde um die Erde exakt so lange braucht wie die Erde für eine Drehung um ihre Achse. Das passiert genau 35 786 Kilometer über der Erdoberfläche, und vom Boden aus gesehen scheint so ein Satellit dann bewegungslos an der gleichen Stelle zu verharren.

Diese Höhe wird die „geostationäre Umlaufbahn" genannt, und sie entspricht genau der Höhe, die Ziolkowskis Turm haben müsste, damit sich Zentrifugalkraft und Gravitationskraft an seiner Spitze aufheben. Ein 35 786 Kilometer hohes Gebäude ist unmöglich zu errichten. Aber ein Seil dieser Länge könnte man konstruieren und vom Satelliten zu Boden lassen. Zugegeben, es wäre fast dreimal so lang wie der Durchmesser der Erde selbst, und wie wir später noch sehen werden, müsste ein realer Weltraumlift aus einem noch viel längeren Seil bestehen. Aber im

Gegensatz zum gigantischen Eiffelturm, den sich Ziolkowski vor über 100 Jahren vorstellte, haben wir jetzt zumindest ein paar brauchbare Ideen, wie wir ein ausreichend langes Seil von der Erde bis ins All spannen können.

Ein äußerst dünnes Kabel

Einen Satelliten in eine geostationäre Umlaufbahn zu bringen stellt heutzutage kein Problem mehr dar. Das erste Mal gelang das im Jahr 1964, mittlerweile ist die Region dort schon regelrecht überfüllt und so voll, dass die „Internationale Fernmeldeunion" (eine Organisation der Vereinten Nationen) die begehrten Plätze im Orbit verteilen muss. Denn der geostationäre Orbit ist der einzige Platz, an dem man vernünftigerweise Kommunikationssatelliten einsetzen kann. Nur dort ist der Satellit vom Boden aus gesehen immer an der gleichen Stelle des Himmels. Würde er tiefer fliegen, müssten Empfangsantennen ständig neu ausgerichtet werden, da sich dann auch die Position des Satelliten ständig ändert.

Problematisch wird die Sache mit dem Weltraumlift erst, wenn es um die Verbindung zur Erde geht. Selbst das stärkste Stahlseil würde unter seinem eigenen Gewicht unweigerlich reißen, wenn es eine so lange Strecke wie die 35 786 Kilometer bis ins All überbrücken müsste. Und genau genommen muss das Kabel eines Weltraumlifts noch länger sein. Denn nur das obere Ende, das sich in der geostationären Umlaufbahn befindet, ist schwerelos. Würde man keine weiteren Vorkehrungen treffen, würde das Gewicht des Seils darunter die Spitze einfach wieder nach unten ziehen und die Konstruktion zurück zur Erde fallen. Der Weltraumlift benötigt also ein Gegengewicht, das sich noch weiter entfernt befindet als der geostationäre Punkt.

Das könnte zum Beispiel ein eingefangener Asteroid sein oder auch eine Raumstation, die das Gewicht des Seils austariert. Am einfachsten aber wäre es, das Kabel ein Stück länger zu machen. Unterhalb des geostationären Orbits hat die Gravitationskraft die Überhand vor der Zentrifugalkraft und will das Seil nach unten ziehen. Verlängert man es aber über die 35 786 Kilometer hinaus, überwiegt dort die Zentrifugalkraft und zerrt das Kabel nach außen, von der Erde weg. Wenn diese Kraft genauso stark ist wie die, mit der das Seil nach unten gezogen wird, dann bleibt es im Gleichgewicht und würde weder nach unten auf die Erde fallen noch hinaus ins Weltall getrieben werden.

Da die Gravitationskraft umso geringer wird, je weiter man sich von der Erde entfernt (und zwar, wie Isaac Newtons berühmte Formel erklärt, mit dem Quadrat des Abstands), muss das Ende des Seils, das hinaus ins All reicht, allerdings viel länger sein als die 35 786 Kilometer, die hinunter zum Boden reichen. Insgesamt müsste man ein Kabel konstruieren, das fast 144 000 Kilometer lang ist und dessen Ende dann schon fast ein Drittel der Strecke zwischen Erde und Mond zurückgelegt hat.

Ein Kabel, das mehr als zehn Mal länger ist als der Durchmesser der Erde: Das klingt nun tatsächlich nach reiner Science-Fiction. Wenn schon ein 35 786 Kilometer langes Seil unter seinem eigenen Gewicht zerreißt, wie soll dann ein viermal so langes Kabel halten? Dieses Problem löste der amerikanische Ingenieur Jerome Pearson im Jahr 1975. Es ist ja nicht unbedingt nötig, dass das Seil überall gleich dick ist. Das Stück Kabel beispielsweise, das sich nur einen Kilometer über dem Boden befindet, muss auch nur das Gewicht dieses einen Kilometer langen Abschnitts halten können und kann recht dünn sein. Ein Stück, das sich in 100 Kilometer Höhe befindet, muss schon ein wenig mehr aushalten können, und die höchste Spannung wirkt auf den Teil des Seils, der sich im geostationären Orbit befindet. Dort muss es also am dicksten sein, darunter (und auch darüber) kann es immer dünner werden.

Das Kabel eines Weltraumlifts wäre also am Erdboden enorm dünn; wahrscheinlich dünner als ein menschliches Haar und würde umso dicker, je weiter man nach oben gelangt, bis der Durchmesser in 35 786 Kilometer Höhe wieder abnimmt und das Seil langsam wieder fast unsichtbar dünn wird. So ein kegelförmiger Querschnitt des Kabels eines Weltraumlifts ließe sich in der Praxis viel einfacher konstruieren und würde auch nicht zwangsläufig unter seinem eigenen Gewicht reißen.

Vor allem dann nicht, wenn man das richtige Material verwendet. Denn das ist der Punkt, mit dem das ganze Projekt steht oder – im wahrsten Sinne des Wortes – in sich zusammenfällt. Mit klassischen Materialien lässt sich ein Weltraumlift nicht konstruieren. Selbst die besten mit Kevlar verstärkten Stahlseile, wie sie zum Beispiel bei Seilbahnen eingesetzt werden, könnten höchstens 30 Kilometer überbrücken, bevor sie reißen. Um ein Kabel bis in den Weltraum zu spannen, braucht es Material mit einer wesentlich höheren Zugfestigkeit.

Zur Zeit von Ziolkowski, Arzutanow und Pearson kannte man kein solches Material. Aber seit Mitte der 1980er Jahre haben Chemiker und Physiker Stoffe entdeckt und entwickelt, die dieses kritische Problem demnächst lösen könnten. Wenn es uns tatsächlich gelingen sollte, ein Zehntausende Kilometer langes Kabel von der Erde ins All zu verlegen, dann wird es mit ziemlicher Sicherheit aus Kohlenstoff bestehen. Der beste Kandidat für ein ausreichend leichtes und reißfestes Material sind derzeit die sogenannten „Kohlenstoffnanoröhren".

Kohlenstoff ist zumindest für uns Menschen ein sehr wichtiges Element. Knapp ein Viertel unseres Körpers besteht daraus (und wird von der Menge nur noch vom Sauerstoff übertroffen), auch das Gewebe aller anderen Lebewesen ist aus Kohlenstoff-Verbindungen aufgebaut. Ohne die besondere Wandlungsfähigkeit des Kohlenstoffs gäbe es kein Leben auf der Erde. Sie ermöglicht es uns vielleicht auch, diese Erde mit einem Weltraumlift zu verlassen.

Das Graphit einer Bleistiftmine besteht genauso aus reinem Kohlenstoff wie ein glitzernder Diamant. Der einzige Unterschied zwischen diesen beiden Materialien liegt in der Anordnung der Kohlenstoffatome. Sie sorgt dafür, dass der Kohlenstoff im einen Fall so weich ist, dass er sich schon an einem Stück Papier abreibt und man damit schreiben kann, während er im anderen Fall eines der härtesten Materialien überhaupt bildet.

Eine ganz besondere Anordnung von Kohlenstoffatomen wird „Fulleren" genannt. Die Atome bilden hier eine Art Kugel; eine sphärische Struktur, in der sich die Atome zu Fünf- bzw. Sechsecken anordnen und dadurch besonders fest zusammenhalten. Man kann ein Fulleren-Molekül nicht so einfach auseinanderziehen, wie das zum Beispiel beim Graphit der Fall ist. Der besteht aus lose übereinanderliegenden Schichten von Kohlenstoffatomen, die sich leicht gegeneinander verschieben lassen. Bei einem Fulleren dagegen wird jedes Kohlenstoffatom durch molekulare Bindungskräfte von anderen Kohlenstoffatomen festgehalten und erlangt dadurch eine ganz besondere Stabilität.*

Mit einem kugelförmigen Kohlenstoffmolekül kann man allerdings noch keinen Weltraumlift bauen, egal wie stabil es ist. Doch im Jahr 1991 entdeckte der japanische Physiker Sumio Iijima, dass sich Kohlenstoff auch in Röhren anordnen kann, deren Wände genauso strukturiert sind wie die Fullerene und damit auch genauso stabil. So eine „Kohlenstoffnanoröhre" ist enorm dünn und hat einen Durchmesser von nur wenigen Nanometern. Sie kann aber – zumindest im Prinzip – fast beliebig lang werden.

* Das gleiche Prinzip kommt auch bei der Konstruktion von geodätischen Kuppeln zur Anwendung, die aus dreieckigen Elementen zusammengesetzt sind. Der amerikanische Architekt Buckminster Fuller hat diese Technik besonders intensiv angewandt und verbreitet und wurde so auch zum Namensgeber für die „Fullerene".

Und da auch hier die gesamte Struktur direkt durch die molekularen Bindungskräfte zusammengehalten wird, ist sie stabiler als jedes andere Material, das wir bis jetzt kennen.

Kohlenstoffnanoröhren sind aber nicht nur sehr reißfest, sondern dabei auch enorm dünn und leicht und damit ein ideales Material für den Bau langer Kabel. Das Verhältnis von Zugfestigkeit zur Dichte ist über 100 Mal höher, als es bei einem Stahlseil wäre. Allerdings vorerst nur auf dem Papier – denn noch ist es niemandem gelungen, eine ausreichend lange Kohlenstoffnanoröhre herzustellen. Man hat es gerade mal auf ein paar Millimeter Länge gebracht und wird vermutlich auch in den nächsten Jahren keine Röhren produzieren können, die länger als ein paar Dutzend Zentimeter sind. Aber es ist auch nicht unbedingt nötig, dass die kompletten 144 000 Kilometer Kabel eines Weltraumlifts aus einer einzigen durchgehenden Kohlenstoffnanoröhre bestehen. Man kann auch kleinere Stücke zu einem längeren Seil zusammenflechten, so wie es ja bei der Herstellung konventioneller Seile geschieht. Das verringert natürlich wieder die Zugfestigkeit des Materials, das nun nicht mehr durchgehend durch molekulare Bindungskräfte zusammengehalten wird. Aber die Eigenschaften der Kohlenstoffnanoröhren sind so viel besser als die anderer Materialien, dass selbst ein geflochtenes Seil immer noch ausreichend stark wäre, um einen Weltraumlift zu bauen.*

Und der Weltraumlift muss ja auch nicht in einem einzigen Arbeitsschritt fertiggestellt werden. Man würde damit beginnen, einen Satelliten ganz konventionell mit einer Rakete in eine geo-

* Ein weiteres Kohlenstoffmaterial, das als guter Kandidat für ein mögliches Weltraumseil gilt, ist Graphen. Es handelt sich dabei um eine Form des Kohlenstoffs, die nur aus einer einzigen Lage von Atomen besteht. Bei dieser minimalmöglichen Dicke hat das Material aber immer noch eine sehr starke Zugfestigkeit. Könnte man ein entsprechend langes Band aus Graphen konstruieren, wäre es stabil genug für einen Weltraumlift. Die Erforschung des Graphens steht allerdings erst am Anfang, und was sich wirklich damit anstellen lässt, ist noch nicht klar.

stationäre Umlaufbahn um die Erde zu bringen. Dieser Satellit würde ein langes, aufgewickeltes Seil an Bord haben, das dann langsam abgewickelt wird. Dabei muss natürlich immer auf das Gleichgewicht geachtet werden: Während ein Ende des Kabels sich der Erde nähert, muss das andere Ende gleichzeitig hinaus ins All und weg vom geostationären Punkt abgespult werden. Dank der besonderen Eigenschaften der Kohlenstoffnanoröhren würde ein Seil der benötigten Länge trotzdem nur etwa 30 Tonnen wiegen. Das ist verglichen mit normalen Satelliten zwar relativ viel, kann aber durchaus noch mit gewöhnlichen Raketen ins All transportiert werden. Dieses erste Kabel wäre dann in der Lage, eine Aufzugskabine von etwa einer Tonne zu halten. Damit kann man noch keine großen Materialmengen bewegen, aber man kann den Aufzug nun nutzen, um das Seil Stück für Stück zu verstärken. Und je stärker es wird, desto schwerere Lasten kann es tragen. Man muss nur dieses Nadelöhr überwinden. Danach zieht sich der komplette Aufzug quasi selbst in die Höhe.

Mit langen Kabeln im Weltraum zu hantieren ist auch nicht so exotisch, wie es sich anhört. Schon im Jahr 1966 verband die NASA die Kapsel des Raumschiffs Gemini 11 über ein 30 Meter langes Seil mit einer Raketenstufe, und die Astronauten Richard Gordon und Charles Conrad versetzten die ganze Konstruktion in Rotation. Raumkapsel und Rakete drehten sich an den Enden des Seils um ihren gemeinsamen Schwerpunkt, die dabei wirkende Zentrifugalkraft war im Raumschiff als – sehr schwache – „künstliche" Gravitation zu spüren.

Im Jahr 1992 versuchte man im Rahmen der „Tethered Satellite System-1"-Mission ein 20 Kilometer langes Kabel vom Space Shuttle Atlantis aus abzuspulen, an dessen Ende sich ein kleiner Satellit befand. Man wollte wissen, ob sich die Flugbahn eines Satelliten durch das Kabel an seinem Ende stabilisieren ließ. Es gab allerdings technische Probleme, nur 260 Meter des Seils im

Weltraum konnten freigesetzt werden. Die Mission wurde 1996 wiederholt und war diesmal erfolgreich. Man fand dabei auch heraus, dass die Bewegung des langen Kabels durch das Magnetfeld der Erde einen Strom induziert, den man theoretisch auch für den Betrieb des Satelliten oder andere Zwecke hätte nutzen können. Auch später wurden im Rahmen unterschiedlichster Experimente immer wieder lange Seile ins All gebracht; das längste war 32 Kilometer lang und wurde beim YES2-Projekt („Young Engineers' Satellite 2") der Europäischen Weltraumagentur ESA eingesetzt.

Wir haben also schon ein wenig Erfahrung mit Kabeln im Weltraum, und sollte es gelingen, das passende Material zu finden, mit dem sich ein ausreichend langes und reißfestes Seil konstruieren lässt, dann ist es keine unmögliche Aufgabe, es auch ins All zu bringen und bis zur Erde herabzulassen. Aber damit ist der Weltraumlift natürlich noch nicht fertig.

Man benötigt nun zwar keine gigantischen Mengen an Treibstoff mehr, um ins All zu gelangen. Aber die Fahrstuhlkabine muss immer noch angetrieben werden. Dazu reicht es nicht, eine Stromleitung durch das Kabel zu verlegen, denn der elektrische Widerstand in so einer gigantischen Leitung wäre viel zu hoch, und am Ende würde kein Strom mehr ankommen. Aber man kann Energie auch ohne Kabel übertragen, zum Beispiel durch starke Laser. Die können vom Boden aus auf Fotovoltaik-Zellen an der Kabine gerichtet werden und so die nötige Energie bereitstellen. Ist der Lift dann schon außerhalb der Erdatmosphäre im Weltall, können auch große Kollektoren das Licht der Sonne nutzen und in elektrische Energie umwandeln. Anstatt Laser können auch „Maser" verwendet werden, die Mikrowellenstrahlung aussenden, welche von Antennen an der Liftkabine aufgefangen und in elektrische Energie transformiert wird. Der Fahrstuhl könnte aber auch mit einem kleinen Kernreaktor angetrieben werden, den er an einem langen Seil hinter sich herschleppt, um die Passagiere keiner Gefahr durch die Strahlung auszusetzen.

Eine Plattform im Ozean

Neben der nötigen Energie für den Betrieb der Kabine braucht man außerdem eine Bodenstation. Ein 144 000 Kilometer langes Kabel, dessen Schwerpunkt sich in einer geostationären Umlaufbahn befindet, muss zwar nicht mehr extra auf der Erde verankert werden, es hält seine Position von selbst. Aber wenn man es als Weltraumlift nutzen will, dann geht das nur mit einer Station auf der Erdoberfläche. Da die geostationären Satelliten immer alle exakt über dem Äquator der Erde stehen, muss sich auch die Station dort befinden. Der ideale Ort wäre mitten im Ozean, wo das herabhängende Seil mit einer schwimmenden Plattform verbunden ist. Damit kann man gleich mehrere Probleme auf einmal lösen.

Der Bau eines Weltraumlifts kann vermutlich nur als internationale Kooperation gelingen, und wenn sich die Bodenstation in internationalen Gewässern befindet, hat man zumindest schon einmal die politischen Probleme vermieden, die entstehen könnten, wenn sich der Zugang zum Fahrstuhl im Hoheitsgebiet nur einer Nation befindet. Und auch wenn es um die Sicherheit des Weltraumlifts geht, bietet eine Bodenstation im Ozean Vorteile. Sie wäre abgelegen, nur mit Schiffen oder Helikoptern zu erreichen und damit besser gegen terroristische Angriffe abgesichert als eine Einrichtung an Land. Gegen Krieg und Terror kann man sich jedoch nie absolut schützen; das trifft auf einen zukünftigen Weltraumlift genauso zu wie heute auf Flughäfen, Bahnhöfe und andere öffentliche Einrichtungen. Viel wichtiger ist eine schwimmende Station für den Schutz des Fahrstuhls gegen andere Gefahren.

Zum Beispiel das Wetter: Am Äquator gibt es vergleichsweise wenig schwere Stürme und Unwetter, die der Bodenstation schaden könnten. Vor Kollisionen mit Flugzeugen muss man ebenfalls keine große Angst haben. Die würden entsprechend umgeleitet werden, damit sie gar nicht erst Gefahr laufen, mit dem Kabel des Lifts zusammenzustoßen. Sollte das aber doch einmal passieren, wird dem Weltraumfahrstuhl vermutlich nichts geschehen. Denn der besteht ja gerade aus einem Material das reißfester und stärker ist als alles andere. Bei der Kollision mit einem Flugzeug würde also eher das Flugzeug zerstört werden als das Kabel aus Kohlenstoffnanoröhren. Viel gefährlicher für den Fahrstuhl sind die Dinge, die außerhalb der Erdatmosphäre passieren können. Denn dort fliegen keine Flugzeuge, sondern Satelliten, und das mit wesentlich höheren Geschwindigkeiten. Würde einer von ihnen mit einer Geschwindigkeit von mehreren Kilometern pro Sekunde mit dem Kabel kollidieren, würde es auf jeden Fall beschädigt werden oder gar reißen.

Normalerweise weiß man aber, wo sich Satelliten in einer Umlaufbahn um die Erde aufhalten und wann sie dem Kabel zu nahe kommen würden. Dann kann entweder der Satellit ausweichen oder, falls das nicht möglich sein sollte, auch das Kabel selbst. Dazu muss man es in Schwingung versetzen, sodass es langsam hin und her wackelt und sich im richtigen Moment aus der Bahn des Satelliten bewegt. Das ist technisch machbar, zum Beispiel durch eine passende Bewegung der schwimmenden Bodenstation, an der der Lift verankert ist. Und man muss die Schwingungen im Kabel sowieso immer unter Kontrolle haben, da ja auch die auf und ab fahrenden Kabinen eine Bewegung des Kabels verursachen, die ausgeglichen werden muss.

Etwas problematischer wird es, wenn es nicht um Satelliten geht, sondern um Asteroiden. Deren Bewegung lässt sich nur dann vorhersagen, wenn sie früh genug entdeckt werden. Und wie wir schon in Kapitel 1 gesehen haben, ist das nicht immer der Fall. Kann das Kabel dann nicht rechtzeitig ausweichen, wird es beschädigt. Da das Kabel zwar enorm lang ist, aber auch sehr dünn, ist es aber unwahrscheinlich, dass es wirklich zufällig frontal von einem Asteroiden getroffen wird. Und selbst wenn es geschieht, muss es nicht gleich komplett reißen, da es ja vermutlich aus mehreren Strängen zusammengeflochten worden ist. Man würde in diesem Fall einfach von oben oder unten eine Kabine zu der schadhaften Stelle schicken und das Kabel ausbessern. Und sollte der unwahrscheinliche Fall eintreten, dass das Kabel komplett reißt, wäre auch noch nicht alles verloren.

Der Teil des Seils, der sich unter der Bruchstelle befindet, würde einfach zurück zur Erde fallen. Das muss kein katastrophales Ereignis sein (es sei denn, es befindet sich gerade eine Kabine mit Passagieren dort), denn wurde das Kabel aus einem ausreichend leichten Material konstruiert, wird es keinen großen oder gar keine Schäden anrichten. Idealerweise hätte man für so einen Notfall vorgesorgt und im geostationären Gleichgewichtspunkt zumindest ein kleines Materiallager mit Ersatzstücken eingerichtet. Denn der Rest des Kabels oberhalb der Bruchstelle würde sich immer noch durchs All bewegen (wäre allerdings jetzt nicht mehr im Gleichgewicht). Man könnte einfach mit einer Fahrstuhlkabine von oben zum Ende des Kabels herabfahren und dort ein neues Stück anbauen, damit es wieder bis zur Erde reicht. Einen Weltraumfahrstuhl zu reparieren ist sicherlich nicht so einfach wie bei einem normalen Aufzug. Das Potenzial für verheerende Schäden ist auch wesentlich größer, und man muss bereit sein, schnell zu reagieren. Aber man darf davon ausgehen, dass wir uns mit all diesen Aspekten ausreichend beschäftigt und vernünftige Lösungen gefunden haben, bevor wir das Projekt tatsächlich realisieren.

Kritisch für die Passagiere des Weltraumlifts wäre natürlich ein Unfall der Kabine selbst. Denn solange sie sich nicht im geostationären Punkt 35 786 Kilometer über der Erdoberfläche befindet, hat sie noch nicht genug vertikale Geschwindigkeit gewonnen, um in einer Umlaufbahn bleiben zu können, sollte sie sich vom Seil lösen. Man kann also vom Weltraumlift herunterfallen, und was dann passiert, hängt von der Höhe ab, in der das geschieht. Oberhalb von etwa 23 000 Kilometern ist alles nicht so schlimm. Die Kabine hat dann zwar nicht genug Geschwindigkeit für eine stabile Umlaufbahn, aber immerhin noch genug, um beim Fall nicht wieder in die Atmosphäre einzutreten. Sie würde die Erde einmal umrunden und wieder zu der Stelle zurückkehren, an der sie vom Lift gefallen ist, wo dann hoffentlich schon ein Raumfahrzeug wartet, um Passagiere oder Fracht zu retten, bevor die Kabine die Erde weiter umrundet und früher oder später in der Atmosphäre verglüht. Fällt sie aber unterhalb der kritischen Distanz vom Lift, so würde sie schon der erste Umlauf um die Erde zurück in die Atmosphäre bringen, und wenn dann keine entsprechenden Vorkehrungen getroffen wurden, wird sie beim Wiedereintritt zerstört werden.

Einen Weltraumlift sicher zu betreiben stellt ohne Frage eine große technische Herausforderung dar. Aber es ist durchführbar, und zwar mit dem Wissen und der Technik, die wir heute besitzen. Die wesentlichen Fragen der Konstruktion sind bereits beantwortet, die physikalischen Prinzipien verstanden, und das einzige ungelöste Problem bleibt die Suche nach passendem Material. Aber auch hier ist die Forschung auf einem guten Weg, und es ist damit zu rechnen, dass man in naher Zukunft die nötigen Fortschritte macht. Noch liegen die Prioritäten der Materialforscher nicht beim Bau eines Weltraumlifts. Das könnte sich ändern, denn der Fahrstuhl ins All könnte einen großen Teil unserer aktuellen Probleme lösen.

Das Nadelöhr der Raumfahrt

Wenn es nicht mehr so wahnsinnig teuer und aufwendig ist, Material in den Weltraum zu bringen, werden auf einmal Dinge möglich, die bisher kaum oder gar nicht zu realisieren waren. Hat man den ersten Fahrstuhl errichtet, ist es wesentlich leichter, einen zweiten zu bauen, und das sollte man auf jeden Fall auch tun. Denn wenn es uns tatsächlich gelingt, durch das Nadelöhr der klassischen Raumfahrt zu gelangen, sollten wir alles dafür tun, nicht wieder auf die alten Raketen angewiesen zu sein. Mit mehreren über die Erde verteilten Weltraumfahrstühlen könnten wir Material in großen Mengen ins All bringen und dort wirklich große Strukturen errichten. Zum Beispiel Kraftwerke, die das Licht der Sonne einfangen, in Elektrizität umwandeln und zur Erde schicken (mit ähnlichen Techniken wie die weiter oben beschriebenen Methoden zur Energieversorgung der Fahrstuhlkabine). Im Weltall stört keine Atmosphäre, die das Licht der Sonne abschwächt, und es gibt auch keine Nacht (oder zumindest kann die Dauer der Nacht durch die Wahl der passenden Umlaufbahn gesteuert werden), keine Wolken und kein schlechtes Wetter und all die anderen Probleme, die die Effizienz erdgebundener Solarkollektoren verringern. Dort ist auch genug Platz. Wir könnten auf unseren Feldern wieder Nahrungsmittel anpflanzen, anstatt dort immer mehr Solarpanele aufzustellen.

Damit sich das Solarkraftwerk im Weltall lohnt, muss es groß genug sein. Eine Anlage, die eine Leistung von 4 Gigawatt bringen kann (was in etwa der des Kraftwerks Neurath entspricht, dem zweitgrößten Braunkohlekraftwerk in Europa, bzw. mehr als doppelt so viel ist wie die Leistung des Kernkraftwerks Isar-2), würde eine Masse von fast 100 000 Tonnen haben. Diese Menge an Material mit konventionellen Raketen ins All zu bringen wäre absurd teuer.* Hat man einen Weltraumlift zur Verfügung, sinken die Kosten dramatisch. Solarstrom aus dem All würde zu einer realistischen Alternative.

Man könnte aber nicht nur Kraftwerke bauen, sondern auch große Raumstationen, die nicht nur Platz für eine Handvoll Astronauten bieten, sondern für Hunderte oder Tausende Leute. Wissenschaftler könnten die Bedingungen in der Schwerelosigkeit für neuartige Experimente nutzen, die heute nicht einmal an Bord der ISS durchgeführt werden können. Denn auch wenn die wissenschaftlichen Apparate klein und leicht genug sind, um mit einer Rakete zur Station transportiert werden zu können, sind sie manchmal zu sensibel und überleben den aggressiven Start nicht. Wenn eine konventionelle Rakete die Erde verlässt, wirken auf Fracht und Passagiere enorme Beschleunigungskräfte; alles wird heftig durchgerüttelt. Es ist darum zum Beispiel nicht möglich, große Teleskopspiegel in den Weltraum zu bringen.

Es existieren zwar einige Weltraumteleskope, aber verglichen mit den Geräten auf der Erde sind sie winzig. Der Spiegel des Hubble-Weltraumteleskops hat zum Beispiel nur einen Durchmesser von 2,4 Metern. Würde das Teleskop auf der Erde stehen, wäre es nicht weiter bemerkenswert. Es ist zwar ein wenig größer als das derzeit größte optische Teleskops Deutschlands,** aber weltweit gibt es alleine schon 41 Teleskope, deren Spiegel mehr als 3 Meter durchmessen (Stand: Juli 2014). Dass Instrumente wie Hubble trotzdem so hervorragende und beeindruckende Ergebnisse liefern, liegt vor allem daran, dass sie sich außerhalb der störenden Erdatmosphäre befinden. Es wäre kein technisches Problem, noch größere Weltraumteleskope zu bauen. In einem

* Zum Vergleich: Die gesamte Raumstation ISS bringt es nur auf eine Masse von 450 Tonnen.

** Das Fraunhofer-Teleskop am Observatorium Wendelstein mit einen Spiegeldurchmesser von knapp über 2 Meter.

Weltraumfahrstuhl könnten wir sie sanft und ohne Gerüttel an ihren Einsatzort bringen. Gleiches gilt natürlich auch für kommerzielle Satelliten, die man nun ebenfalls mit dem Lift nach oben bringt und dort nur noch ausladen muss.

Die dramatischsten Veränderungen würde der Fahrstuhl ins All aber bei der Erforschung des restlichen Sonnensystems bringen! Denn wer sagt, dass wir einen Weltraumlift nur auf der Erde bauen können? Das Kabel des Lifts musste ja deswegen 144 000 Kilometer lang sein, damit ein ausreichend großes Gegengewicht die ganze Struktur im Gleichgewicht hält. Wenn wir nun aber schon mal so weit von der Erde ins All hinaus bauen, können wir diese Verbindung auch nutzen. Wenn die Fahrstuhlkabine am geostationären Punkt nicht anhält, sondern weiter hinaus fährt, dann wird die Zentrifugalkraft immer größer. Jedes Objekt, das man am Ende des Kabels in den Weltraum entlässt, hat ausreichend Geschwindigkeit, um ohne weiteren Antrieb zum Mond, zum Mars, zu den Asteroiden und sogar bis zu Jupiter oder Saturn zu fliegen. Der Mond wäre besonders leicht zu erreichen, denn das Ende des Kabels hat ja schon mehr als ein Drittel des Weges überbrückt. Und wenn wir in die Umlaufbahn um den Mond gelangt sind, sollten wir die Gelegenheit nutzen, auch dort einen Weltraumlift zu installieren.

Das geht wesentlich einfacher, wenn man schon im All ist und das Seil nur noch nach unten lassen muss. Alles weitere Material für den Bau einer Bodenstation kann daran nach unten transportiert werden, man spart sich Raketen und den Treibstoff, den man ja auch zum Abbremsen bei der Landung braucht. Mit Liften auf Erde und Mond hätten wir quasi eine direkte und materielle Verbindung zwischen den beiden Himmelskörpern geschaffen und könnten Menschen und Material direkt zwischen ihnen hin und her schicken. Gleiches gilt für den Mars: Auch der wäre von einem Weltraumlift aus leicht zu erreichen, und auch dort ließe sich ein eigener Lift errichten, der bis zur Oberfläche des Nachbarplaneten reicht.

Die Asteroiden und ihre Rohstoffe wären nun ebenfalls in unserer Reichweite, und es wäre nun auch rentabel, das ganze Material zur Erde (oder zum Mond beziehungsweise Mars) zu transportieren, anstatt es nur im Weltraum selbst zu verwenden. Das ganze Sonnensystem läge mit einem Mal in unserer Reichweite.

Heute ist die Raumfahrt gefährlich, kompliziert und vor allem teuer. Nur wenige, speziell ausgewählte Menschen können nach langem Training ins All fliegen. Und selbst dann befinden sie sich nur ein paar hundert Kilometer von der Erdoberfläche entfernt und leben beengt in kleinen Raumfahrzeugen oder der Raumstation, deren Betrieb und Erhalt so teuer sind, dass sie vermutlich nicht länger als bis 2028 betrieben und dann kontrolliert zum Absturz gebracht wird. All die während vieler Jahre mühselig in eine Umlaufbahn gebrachte Technik wird dann zerstört, und eine neue und bessere Station zu bauen wird nicht einfacher und billiger werden. Pläne für bemannte Flüge zum Mond und zum Mars werden weiterhin gemacht und vermutlich wieder aus Kostengründen verworfen werden, wenn nicht zufällig wieder ein politischer Wettstreit wie während des Kalten Krieges entbrennt und mehrere Nationen um die symbolische Vorherrschaft im All kämpfen. Denn selbst wenn Menschen in naher Zukunft wieder auf dem Mond oder das erste Mal auf dem Mars landen sollten, werden es nur kurze Besuche werden und nur von wenigen Auserwählten.

1969 hat der erste Mensch den Mond betreten. Bis 1972 sind Neil Armstrong 11 weitere Menschen auf den Mond gefolgt. Vier davon sind mittlerweile gestorben, die restlichen acht sind heute* alle über 80 Jahre alt. In 10 bis 20 Jahren wird vermutlich keiner

* Stand 2015

von ihnen mehr am Leben sein. So wie vor dem 21. Juli 1969 werden wir dann wieder in einer Welt leben, in der kein lebender Mensch je die Erde verlassen und einen anderen Himmelskörper betreten hat. Die Erinnerung an die bemannten Apollo-Missionen zum Mond ist heute schon verblasst. Die meisten, die heute leben, waren damals noch nicht einmal geboren.

Es ist nicht unwahrscheinlich, dass die Zeit der bemannten Raumfahrt nur eine kurze Phase in der Geschichte der Menschheit darstellt. Eine Phase, in der wir mutig und willens genug waren, unseren eigenen Planeten zu verlassen und in den Weltraum aufzubrechen. Eine kurze Zeit, in der es einer kleinen Gruppe von Menschen gelungen ist, das leere All zu durchqueren. Eine Zeit, die vergangen ist und nicht wiederkommen wird. Angesichts der hohen Kosten und des großen Aufwands könnte die Menschheit (oder zumindest der Teil, der die Entscheidungen trifft) trotz aller Faszination am Unbekannten ihren Entdeckerwillen verlieren und die Versuche einstellen, die Erde zu verlassen. Oder aber wir raffen uns noch ein letztes Mal auf, stellen uns den technischen und finanziellen Problemen und sind mutig genug, ein monumentales Projekt wie den Weltraumlift zu verwirklichen, um unseren Planeten ein für alle Mal an das All zu binden. Die Apollo-Astronauten sind hinaus in den Raum geflogen und haben von dort nur ihre Erinnerungen und ein paar Brocken Mondgestein mitgebracht. Mit einem Weltraumfahrstuhl könnten wir unseren Nachfahren eine viel dauerhaftere Verbindung hinterlassen. Das Sonnensystem stünde dann der gesamten Menschheit offen. Die Gefahr, dass die Eroberung des Weltraums nur eine kurze Phase in der Geschichte unserer Zivilisation ist, wäre gebannt.

Der Physiker und Science-Fiction-Autor Arthur C. Clarke war einer der bekanntesten und engagiertesten Fürsprecher des Weltraumlifts und hat das Konzept in seinem 1979 erschienenen Roman *Fahrstuhl zu den Sternen (Fountains of Paradise)* einer breiten Öffentlichkeit bekannt gemacht. Als er einmal gefragt wurde, wie lange es noch dauern würde, bis der Fahrstuhl realisiert wird, antwortete Clarke: „Ungefähr zehn Jahre, nachdem die Leute aufgehört haben darüber zu lachen.“ Es wird Zeit, dass wir aufhören, über Projekte wie diese zu lachen. Das Sonnensystem liegt in unserer Reichweite. Wir müssen es nur erreichen wollen – und dann sind Dinge möglich, die wir uns heute noch nicht einmal vorstellen können!

Teil III

Neue Welten

Kapitel 7
Eine strahlende Zukunft

Am Anfang dieses Buchs stand der Meteor von Tscheljabinsk. Von ihm aus haben wir einen Ausflug in die Vergangenheit unternommen, um die Gefahr einzuschätzen, die uns von den Asteroiden droht. Sie sind eine reale Bedrohung für unsere Erde und verursachen Katastrophen, die in früheren Zeiten den Planeten schon mehrmals heimgesucht und verwüstet haben und es mit Sicherheit wieder tun werden, wenn wir nichts dagegen unternehmen. Wir haben aber auch in die nahe Zukunft geblickt und gesehen, dass den Asteroiden nicht nur jede Menge zerstörerische Kraft innewohnt, sondern auch das Potenzial, unsere ganze Zivilisation zu verändern. Aber ob wir die Felsbrocken im All nun ausbeuten oder abwehren wollen: Wir brauchen auf jeden Fall einen anderen Zugang ins Weltall; eine Vision für die Raumfahrt. Der im letzten Kapitel beschriebene Weltraumlift könnte dieser neue Weg sein. Es ist allerdings fraglich, ob wir ihn begehen werden. Vielleicht schaffen wir es nie, das Problem des Materials zu lösen und ein ausreichend langes und reißfestes Seil zu konstruieren. Vielleicht schaffen wir es, können uns aber nicht dazu durchringen, das nötige Geld und die nötige Zeit zu investieren, um ihn zu bauen. Vielleicht stecken wir auch für immer auf der Erde fest.

Vielleicht aber auch nicht! Wenn wir es schaffen sollten, einen Fahrstuhl zu den Sternen zu bauen: Wie genau würde das unsere Rolle im Sonnensystem verändern? Wie kann uns der neue Zugang zum Weltraum dabei helfen, die Gefahr durch Asteroiden zu verringern und den Untergang unserer Zivilisation durch kosmische Katastrophen zu verhindern? Wenn wir langfristig überleben wollen, dann müssen wir uns um zwei Dinge kümmern: Wissen und Expansion. Wir sollten mehr und besser über das Universum Bescheid wissen, in dem wir leben. Denn das gesamte Sonnensystem ist unser Zuhause – nicht alleine die Erde.

Beides lässt sich miteinander verbinden, der Weltraumlift bietet dafür einen idealen Ausgangspunkt. Denn die Erde ist eigentlich ein denkbar schlechter Ort, um das Universum zu beobachten. Wenn wir in einer klaren und dunklen Nacht zum Himmel sehen, sind wir von der Anzahl und Pracht der funkelnden Sterne überwältigt, aber tatsächlich sind die scheinbar unzähligen Sterne, die wir beobachten können, nur ein winziger Ausschnitt dessen, was es zu sehen gibt. Und selbst dieses Fenster wird uns genommen, wenn das Wetter schlecht ist. Denn zwischen uns und dem Rest des Universums befindet sich die Atmosphäre. Mit ihrer Dicke von ungefähr 100 Kilometern ist sie verglichen mit dem ganzen Planeten nur eine dünne Schicht, aber es reicht, um den Astronomen das Leben schwer zu machen.

Sterne sehen

Das Problem ist das Wasser in unserer Luft. In der Nähe des Bodens macht der Wasserdampf zwar nur wenig mehr als ein Prozent aller Gase in der Atmosphäre aus. Aber dieses bisschen Wasser formt sich gerne zu Nebel und Wolken und verstellt den

Forschern den Blick. Wenn der Himmel bewölkt ist, lohnt es sich gar nicht erst, die Kuppel der Sternwarte zu öffnen. Aber auch in einer klaren Nacht stört die Atmosphäre. Denn Luft ist nicht gleich Luft. Es gibt verschiedene Schichten mit unterschiedlicher Dichte und unterschiedlichen Temperaturen, und alles ist ständig in Bewegung. Die Geschwindigkeit eines Lichtstrahls hängt von dem Medium ab, durch das er sich bewegt,* die unterschiedlichen Atmosphärenschichten bremsen das Licht unterschiedlich stark ab. Das führt dazu, dass das Licht der Sterne die Lufthülle der Erde nicht auf geradem Weg durchquert, sondern abgelenkt wird. Vom Boden aus gesehen scheint das Licht von unterschiedlichen Stellen am Himmel zu kommen, die Sterne flackern oder hüpfen gar ein wenig hin und her; je nachdem, wie unruhig die Atmosphäre gerade ist. Dieses Phänomen nennen die Astronomen „Seeing“, und es stört die Beobachtungen enorm.

Das Licht der fernen Sterne und Galaxien ist so schwach, dass man die Aufnahmen lange belichten muss, um überhaupt etwas sehen zu können. Die Belichtungszeit kann mehrere Stunden betragen, und wenn der Stern währenddessen hin und her zu springen scheint, bekommt man ein unscharfes Bild. Man hat natürlich verschiedene Techniken entwickelt, um dieses Problem zu umgehen.** Am besten wäre es aber, wenn man gar nicht erst durch die Atmosphäre hindurch beobachten müsste.

Denn das Wasser in unserer Luft stört auch noch auf andere

* Nur im Vakuum erreicht das Licht die theoretische Maximalgeschwindigkeit von 299 792,458 Kilometer pro Sekunde. Durchquert Licht aber zum Beispiel Luft, Glas oder Wasser, wird es ein wenig langsamer. Allerdings nicht viel: In der bodennahen Atmosphäre bewegt sich Licht immer noch mit etwa 299 710 Kilometer pro Sekunde; in Wasser sind es immerhin noch 225 000 Kilometer pro Sekunde.

** Moderne Teleskope projizieren zum Beispiel mit einem Laserstrahl einen künstlichen Stern an den Himmel, dessen Flackern dann genau vermessen werden kann. Die Daten werden zu einem Computer geschickt der sie in Echtzeit verarbeitet und benutzt, um den Teleskopspiegel exakt so zu verformen, dass der Effekt des Seeings zu einem großen Teil ausgeglichen wird.

Weise. Das Licht, das wir mit unseren Augen sehen können, besteht nur aus elektromagnetischen Wellen, deren Wellenlängen zwischen 380 und 780 Nanometern (also Millionstel Millimeter) liegen. Das kurzwellige Licht nehmen wir als violett bzw. blau wahr; das langwellige Licht als orange bzw. rot (und Licht mit mittleren Wellenlängen als grün bzw. gelb). Aber eine elektromagnetische Welle kann natürlich auch eine viel größere oder kleinere Wellenlänge haben. Das gesamte *elektromagnetische Spektrum* erstreckt sich von extrem kurzen Wellen, die nur noch einen Billionstel Meter lang sind, bis hin zu Wellen mit mehreren Hunderttausend Kilometern Länge. Die Strahlung in einem ganz normalen Mikrowellenherd hat zum Beispiel eine Wellenlänge von etwa 12 Zentimetern. Auch das ist „Licht" – nur eben solches, das unsere Augen nicht sehen können. Unsere Pupillen sind dafür viel zu klein, und unsere Sinneszellen können diese Wellen nicht registrieren. Aber wären wir dazu in der Lage, würde die Mikrowelle jedes Mal hell zu leuchten beginnen, wenn wir sie einschalten. Hätten wir noch größere Augen, könnten wir auch all das „Licht" sehen, das wir benutzen, um Radio- und Fernsehsignale durch die Gegend zu schicken. All das ist Licht, aber wir können eben nur den kleinen Ausschnitt sehen, denn man als das „sichtbare" oder „optische" Spektrum bezeichnet.

Wir haben im Laufe der Zeit entsprechende Maschinen gebaut, mit denen sich der Rest des Spektrums detektieren lässt. Aber es wird schwierig, wenn wir mit diesen künstlichen Augen ins Universum hinaus blicken wollen. Denn das Wasser in der Atmosphäre blockiert einen Teil der elektromagnetischen Strahlung, genauso wie es auch andere Gase (zum Beispiel das Ozon) tun. Gammastrahlung, Röntgenstrahlung, Ultraviolettstrahlung, Infrarotstrahlung: All das, was Sterne und Galaxien neben dem „normalen" Licht ins All hinaus schicken, wird von der Lufthülle der Erde blockiert. Hier bei uns kommt nur das optische

Spektrum an und ein Teil des Radiolichts. Deswegen können wir von der Erde aus auch nur optische Astronomie und Radioastronomie betreiben. Um einige der Phänomene zu verstehen, die im Universum auftreten, reicht das nicht. In Kapitel 5 habe ich von den Schwierigkeiten gesprochen, die Zusammensetzung von Asteroiden aus der Ferne zu bestimmen und herauszufinden, ob sie aus Gestein oder Metall bestehen. Dazu muss man beobachten, auf welche Art sie das Infrarotlicht der Sonne reflektieren, und das geht von der Erde aus nur mit Schwierigkeiten.* Darum schickt man Teleskope ins Weltall, manche Dinge kann man eben nur außerhalb der Atmosphäre sehen. Will man zum Beispiel die kosmische Röntgenstrahlung oder Gammastrahlung beobachten, *muss* man die Erde verlassen.

Das bringt all die Probleme mit sich, die wir schon im letzten Kapitel erläutert haben. Es ist teuer, große wissenschaftliche Instrumente mit normalen Raketen ins Weltall zu fliegen. Manche Instrumente kann man auch gar nicht auf diese Weise transportieren, da sie die Strapazen der unruhigen Raketenreise nicht überstehen würden. Eine Mission ins All muss Jahre oder gar Jahrzehnte im Voraus geplant werden, und fliegt das Teleskop dann endlich im Weltraum, ist seine Technik mit Sicherheit schon veraltet. Und sollte einmal etwas kaputtgehen, dann wird die Reparatur umso teurer oder ganz unmöglich.

Das heute zu Recht berühmte Hubble-Weltraumteleskop wurde im April 1990 ins All geschickt. Die ersten drei Jahre, die es im Orbit der Erde verbracht hat, war es allerdings weitestgehend nutzlos für die Wissenschaft. Auf jeden Fall konnte es die hoch-

* Wenn man sich mit einem Teleskop hoch genug über dem Erdboden in einer trockenen Gegend befindet, also zum Beispiel auf den Bergen in der chilenischen Atacama-Wüste, wo sich die Großteleskope der Europäischen Südsternwarte befinden, dann ist die Luft dort meistens trocken genug, um in geringem Ausmaß auch Infrarotstrahlung aus dem All sehen zu können.

gesteckten Erwartungen nicht erfüllen. Aufgrund eines fehlerhaften Messinstruments bei der Qualitätskontrolle war der Spiegel von Hubble nicht korrekt geschliffen worden, und dieser Fehler wurde erst erkannt, als es schon zu spät und das Teleskop im Weltraum war. Es dauerte bis zum Dezember 1993, bis Astronauten mit dem Space-Shuttle das fehlerhafte Instrument einfangen und ein Korrektursystem installieren konnten. Wäre Hubble ein Teleskop an einer irdischen Sternwarte gewesen, wäre die Reparatur schneller, einfacher und vor allem billiger gewesen. Doch der Weltraum macht die Dinge teuer. Darum wird die nächste Generation der großen astronomischen Observatorien auch auf der Erde errichtet.* Das „European Extremely Large Telescope", das ab Mitte des nächsten Jahrzehnts mit einem Spiegeldurchmesser von 39 Metern das größte Teleskop der Welt sein wird, wird in der chilenischen Wüste stehen und nicht durchs All fliegen. Dort hat man zwar wieder die Probleme mit der Atmosphäre, kann dafür aber Reparaturen schnell durchführen und auch die technischen Systeme regelmäßig auf den neuesten Stand bringen.

Am besten wäre es natürlich, wenn man die Vorteile von erdgebundenen Sternwarten mit denen von Weltraumobservatorien kombinieren könnte. Dazu bräuchten wir einen Himmelskörper ohne störende Atmosphäre, auf dem wir unsere Beobachtungsstationen errichten. Und der befindet sich keine 400 000 Kilometer von uns entfernt: der Mond! Astronomen machen sich schon seit langer Zeit darüber Gedanken, wie man eine lunare Sternwarte bauen könnte. Aber so wie alle anderen großen Weltraumprojekte war auch das nie mehr als eine Vision. Dabei wäre der Mond tatsächlich perfekt geeignet, um Astronomie zu betreiben. Es gibt dort keine Atmosphäre, die die Beobachtungen stören würde. In

* Die Finanzierung für Hubbles Nachfolger, das „James-Webb-Space-Telescope", stand und steht immer wieder auf der Kippe, es soll aber nun im Jahr 2019 ins All fliegen.

der niedrigen Schwerkraft könnte man große Teleskopspiegel leichter bauen und einsetzen. Und da der Mond der Erde immer dieselbe Seite zuwendet, gibt es eine völlig abgeschirmte Rückseite, die sich ideal für Radioastronomie eignet. Sie befände sich im „Radioschatten" der Erde, und die störenden elektrischen Signale unserer diversen Geräte, die den Radioastronomen auf der Erde die Arbeit schwer machen, existieren dort nicht. Man hätte eine ideale Umgebung, um tiefer als je zuvor ins All zu blicken.

Zum Beispiel ins „dunkle Zeitalter" des Universums, also den Zeitraum zwischen dem Urknall und der Entstehung der ersten Sterne. Darüber weiß man heute noch so gut wie nichts, weil unseren Instrumenten die nötige Sensitivität fehlt, um weit genug hinaus und damit auch weit genug zurück in die Vergangenheit zu blicken. Vom Mond aus wäre das allerdings möglich. Und natürlich wäre der Mond auch wie geschaffen für ein Frühwarnsystem zur Asteroidenabwehr. Wie wir schon in Kapitel 4 erfahren haben, ist es enorm wichtig, früh genug über eventuell gefährliche Asteroiden Bescheid zu wissen. Und je kleiner die Asteroiden, desto schwerer sind sie zu entdecken. Die besseren Beobachtungsbedingungen im Weltall oder auf dem Mond würden diese Aufgabe deutlich erleichtern.

Bisher war es immer zu teuer, Weltraumteleskope für die Asteroidenabwehr ins All zu schicken, obwohl das natürlich äußerst nützlich wäre. Man könnte zum Beispiel zwei oder mehr Teleskope an strategisch günstigen Stellen in der Nähe der Erde positionieren* und sie koordiniert auf die Suche schicken. Wird dann ein Asteroid entdeckt, können ihn die Teleskope aus unterschiedlichen Blickwinkeln beobachten und seine Bahn so viel schneller bestimmen, als es heute bei der Asteroidensuche von der Erde aus möglich ist. So ein System wäre technisch ohne weiteres mach-

* Am besten in den sogenannten „Lagrange-Punkten", wo sich die wirkenden Kräfte von Sonne und Erde gegenseitig aufheben.

bar, und es existieren auch entsprechende Vorschläge von Astronomen, wie man es realisieren kann. Aber in der momentanen Situation müsste so eine Asteroidenabwehrmission mit all den anderen geplanten Weltraumprojekten konkurrieren und um einen der wenigen Plätze auf den Raketen der Raumfahrtagenturen kämpfen. Und eine Sternwarte auf dem Mond ist derzeit leider noch Science-Fiction.

Aber in unserer Zukunft gibt es ja einen Weltraumlift! Da ist es kein unüberwindbares Problem mehr, alle möglichen Weltraumteleskope mit dem Fahrstuhl ins All zu bringen. Wir könnten unser Netzwerk zur Asteroidenabwehr aufbauen und *müssten* das sogar tun, denn wir wollen ja nun nicht mehr nur uns selbst schützen, sondern auch unsere Verbindung ins All. Die Einrichtung eines Frühwarnsystems zum Schutz vor Asteroiden und Weltraumschrott wäre eine direkte Konsequenz aus dem Bau eines Weltraumfahrstuhls.

Auch eine Sternwarte auf dem Mond wäre nun keine Science-Fiction mehr. Es wäre zwar nicht unbedingt einfach, eine dauerhafte bemannte Basis zu errichten. Aber sie hätte einen unschätzbaren Vorteil. Stellen wir uns vor, all unsere Bemühungen würden scheitern. All die in Kapitel 4 beschriebenen Versuche der Asteroidenabwehr würden im Ernstfall erfolglos bleiben und ein großer Felsbrocken würde auf der Erde einschlagen. Es gäbe ein Massensterben, die irdische Zivilisation würde zerstört und der Planet wäre auf lange Zeit hinaus unbewohnbar. Das wäre ein schreckliches Ereignis, aber nicht das Ende der Menschheit. Denn die Bewohner der Mondstation hätten die Katastrophe überlebt. Vorausgesetzt, ihre kleine Kolonie wäre autark und könnte ohne Hilfe von außen weiter existieren, würden die Menschen nun auf dem Mond weiterleben und darauf warten, dass sich die Dinge unten auf der Erde wieder beruhigen.

Die Besiedlung des Mondes kann einen Asteroideneinschlag

nicht verhindern. Aber sie kann zumindest als Sicherheit dienen. Wenn die Menschheit nicht mehr nur an einen einzigen Himmelskörper gebunden ist, kann uns auch keine einzige Katastrophe vernichten. Sind wir im All angelangt, warten aber neue Bedrohungen auf uns, von denen wir viele noch zu wenig und einige vermutlich noch gar nicht kennen. Über manche wissen wir aber Bescheid, sie lassen die Aussicht auf ein Leben im Weltall nicht gerade verlockend erscheinen.

Im Auge des Sonnensturms

Eine der größten Gefahren, die im Weltraum auf uns Menschen lauert, ist unsichtbar. Auf der Erde sind wir vor ihr weitestgehend sicher. Aber sobald wir den Schutz unserer Atmosphäre verlassen, können wir ihr nicht mehr entkommen. Das All mag leer erscheinen, doch es ist von der *kosmischen Strahlung* durchdrungen, die für Menschen früher oder später tödlich ist.

Trotz ihres Namens besteht die kosmische Strahlung* aus Teilchen. Der Großteil davon sind simple Protonen, also die Teilchen, aus denen die Kerne der Atome aufgebaut sind. Ein kleinerer Teil besteht aus Elektronen beziehungsweise aus ionisierten Atomen (also Atomen, die Elektronen aus ihrer Hülle verloren haben). Die Herkunft all dieser Teilchen ist noch nicht vollständig geklärt, aber wir wissen, dass die meisten von ihnen von der Sonne stammen.

Der Stern im Zentrum unseres Sonnensystems schickt nicht nur Licht hinaus ins All, sondern auch einen beständigen Strom aus Teilchen, den sogenannten „Sonnenwind“. Die Sonne ist eine riesige Kugel aus brodelndem Plasma, und am äußeren Rand ihrer Atmosphäre bewegen sich aufgrund der hohen Temperaturen

* Nicht zu verwechseln mit der „kosmischen Hintergrundstrahlung“ die kurz nach dem Urknall selbst entstand und aus Mikrowellen besteht.

und der starken Magnetfelder einige Teilchen so schnell, dass sie der Anziehungskraft der Sonne entkommen können. Jede Sekunde verliert unser Stern so ungefähr eine Milliarde Kilogramm an Materie an den Sonnenwind. Das klingt nach viel, doch angesichts der gigantischen Gesamtmasse der Sonne bemerkt sie diesen Verlust kaum. In den fast 5 Milliarden Jahren ihrer Existenz sind ihr durch diesen Teilchenstrom gerade mal 0,01 Prozent ihrer Masse verloren gegangen.

Der Sonnenwind besteht aus dem Material, aus dem auch die Sonne besteht, hauptsächlich Wasserstoff. Das einfachste aller Atome hat als Kern nur ein einziges Proton, das von nur einem einzigen Elektron umkreist wird. Die hohen Temperaturen sorgen aber dafür, dass Proton und Elektron nicht mehr zusammenhalten können. Darum finden wir im Sonnenwind einzelne Protonen und Elektronen und keine intakten Wasserstoff-Atome.

So wie das Licht strömen auch die Teilchen der Sonne beständig hinaus ins All. Auf der Erde müssen wir uns darum aber keine Sorgen machen, denn wir sind gleich doppelt geschützt. Die erste Barriere bildet das Magnetfeld unseres Planeten. Da die Teilchen des Sonnenwinds elektrisch geladen sind, prallen sie am magnetischen Schutzschild ab und werden schon weit draußen im All gestoppt. Und alles, was sich doch noch in die Nähe unseres Planeten verirrt, trifft auf die Lufthülle der Erde. Dort kollidieren die Teilchen der kosmischen Strahlung dann mit den Molekülen der Luft und werden aufgehalten. Am Erdboden bekommen wir davon (fast) nichts mit. Das einzige sichtbare Zeichen für die Existenz der kosmischen Strahlung sind die Polarlichter, die hoch im Norden oder tief im Süden zu sehen sind. Sie entstehen, wenn die Teilchen aus dem All nicht frontal auf das Magnetfeld der Erde treffen, sondern entlang der magnetischen Feldlinien zu den Polen abgelenkt werden. Dort können sie mit den Luftmolekülen zusammenstoßen. Die dabei freigesetzte Energie nehmen wir als bunte Lichter wahr (grün oder rot, wenn die Teilchen mit Sauerstoffatomen zusammenstoßen, und blau oder violett, wenn sie mit dem Stickstoff in der Atmosphäre kollidieren). Aber auch diese Ereignisse spielen sich noch 100 bis 200 Kilometer über unseren Köpfen ab und sind kein Grund, besorgt zu sein.

Manchmal wird der Sonnenwind auch ein wenig stärker und zu einem regelrechten Sturm. Die Sonne sieht nur aus der Ferne ruhig und friedlich aus. Aus der Nähe betrachtet ist sie ein brodelndes Chaos: Wie in einem Topf voll mit kochendem Wasser steigt heißes Material aus ihrem Inneren nach oben und kühleres Material sinkt wieder nach unten. Da aber die Atome wegen der hohen Temperaturen alle ihre Elektronen aus ihrer Hülle verloren haben, also elektrisch geladen sind, werden sie auch von den Magnetfeldern beeinflusst. Die Magnetfelder in der Sonne können die Bewegung des Plasmas blockieren oder beschleunigen; andererseits werden sie selbst erst durch die Bewegung der elektrisch geladenen Teilchen erzeugt. Es geht also ziemlich chaotisch zu, und dabei kommt es – sehr vereinfacht ausgedrückt – ab und zu zu einem Kurzschluss. Die mit der Materie umherwirbelnden magnetischen Felder kommen sich in die Quere, schließen sich kurz, und die dabei frei werdende Energie schleudert große Mengen an Sonnenplasma hinaus ins All. Solche Explosionen nennt man „koronale Massenauswürfe", und wenn die Erde Pech hat, liegt sie genau in der Flugbahn dieses „Sonnensturms".

Natürlich sind wir immer noch durch Atmosphäre und Magnetfeld geschützt, aber wenn ein starker Sonnensturm auf den Planeten trifft, wird das magnetische Feld kurzfristig ein wenig eingedellt. Am Erdboden können wir dann messen, dass die Stärke des Felds hin und her schwankt. Diese Schwankungen können dann zum Beispiel die Radio-Kommunikation stören oder in langen elektrischen Leitern (zum Beispiel Stromleitungen) einen Kurzschluss verursachen und zu einem Stromausfall führen. So etwas kommt aber recht selten vor. Bis jetzt haben wir auch die größeren Sonnenstürme gut überstanden und uns höchstens über die dann besonders intensiven Polarlichter gefreut.

Im Weltraum sieht die Sache aber ein wenig anders aus. Sobald wir die Atmosphäre hinter uns gelassen haben, sind wir ungeschützt. Am Erdboden ist jeder Mensch pro Jahr einer kosmischen Strahlungsdosis von circa 0,3 Millisievert ausgesetzt. Das ist nicht viel, verglichen mit der gesamten natürlichen Strahlung auf der Erde. Denn auch im Gestein finden sich überall kleine Mengen radioaktiver Elemente, in Summe machen sie eine Dosis von 2 bis 3 Millisievert pro Jahr aus. Dazu kommt noch künstliche Strahlung, die wir Menschen produzieren, zum Beispiel bei medizinischen Anwendungen wie einer Röntgenaufnahme. Je nachdem, was geröntgt wird, ist man dabei einer Dosis von 0,01 Millisievert (Röntgenaufnahme von Armen und Beinen) bis hin zu ungefähr 10 Millisievert (Computertomografie) ausgesetzt. Die Strahlenbelastung durch Kernkraftwerke im Normalbetrieb und frühere Kernwaffentests fallen dagegen mit jeweils ungefähr 0,01 Millisievert so gut wie gar nicht mehr ins Gewicht. Der Grenzwert für die zusätzlich zur natürlichen Strahlungsbelastung unbedenkliche Dosis liegt in Deutschland bei einem Millisievert pro Jahr (davon sind auch medizinische Anwendungen ausgenommen). Bei Berufsgruppen, die häufig mit Strahlung zu tun haben, wie zum Beispiel Röntgenärzten, beträgt die maximale erlaubte Jahresdosis 20 Millisievert; im Laufe eines Berufslebens dürfen aber nicht mehr als 400 Millisievert angesammelt werden.

Beim Aufenthalt im Weltraum hätte man all diese Grenzwerte schnell überschritten. Es reicht sogar schon, mit einem normalen Flugzeug in 10 bis 12 Kilometer Höhe zu fliegen, um den Schutz durch die Atmosphäre teilweise zu verlieren. Neben Ärzten gehört deswegen auch das Flugpersonal zu den am stärksten durch Strahlung gefährdeten Berufsgruppen. Je nach Flugdauer, Flugrouten und Flughöhe können da pro Jahr und Person bis zu 7 Millisievert zusammenkommen; der Durchschnitt liegt bei 2,4 Millisievert. Würde man sich dauerhaft in der Reisehöhe eines Flugzeugs aufhalten, wäre man schon einer Strahlung von 40 Millisievert pro Jahr ausgesetzt. Und auf der Internationalen Raumstation in 400 Kilometern Höhe sind es 150 Millisievert pro Jahr. Astronauten leben also nicht nur deswegen gefährlich, weil sie bei jedem Start ihr Leben einer gefährlichen Maschine anvertrauen, die so komplex ist, dass immer eine nicht zu vernachlässigende Chance auf eine Katastrophe besteht (was die beiden Space-Shuttle-Unfälle in den Jahren 1986 und 2003 ja leider eindrucksvoll bewiesen haben). Da sie die einzigen Menschen sind, die sich für längere Zeit außerhalb des atmosphärischen Schutzschilds der Erde aufhalten, haben sie auch ein besonders hohes Risiko, irgendwann in ihrem Leben an den Folgen der hohen Strahlung zu erkranken.

Für europäische Astronauten liegt das Limit bei 500 Millisievert pro Jahr. Und während ihrer gesamten Karriere dürfen nicht mehr als 1000 Millisievert erreicht werden. Das ist zurzeit noch kein allzu großes Problem, weil die Besatzungen auf der Raumstation regelmäßig ausgetauscht werden und niemand lange genug im All ist, um diese Grenzwerte zu überschreiten. Doch wenn wir vorhaben, dauerhaft auf dem Mond oder dem Mars zu leben, müssen wir uns über die Strahlung Gedanken machen.

Am weitesten haben sich bis jetzt die Astronauten der Apollo-Missionen von der Erde entfernt. Auf ihrem Flug zum Mond waren sie nicht nur für mehrere Tage der kosmischen Strahlung ausgesetzt, sondern mussten davor auch eine besonders gefährliche Gegend durchqueren: die Van-Allen-Strahlungsgürtel.* Diese

* Benannt nach dem amerikanischen Physiker James Van Allen, der die Existenz dieser Gürtel im Jahr 1958 im Zuge der ersten amerikanischen Satellitenmissionen „Explorer 1“ und „Explorer 3“ nachweisen konnte.

bestehen aus geladenen Teilchen des Sonnenwinds, die vom Magnetfeld der Erde eingefangen werden und unseren Planeten ringförmig umgeben. Der innere Gürtel erstreckt sich zwischen ungefähr 700 und 6000 Kilometern Höhe; der äußere befindet sich zwischen 15 000 und 25 000 Kilometern Abstand vom Erdboden. Die exakten Werte variieren, da auch das Magnetfeld nicht immer überall gleich stark ist und sich mal mehr und mal weniger Teilchen in den Van-Allen-Gürteln aufhalten, je nachdem wie viele Sonnenstürme gerade stattgefunden haben.

Im schlimmsten Fall ist man in den Van-Allen-Gürteln einer Strahlenbelastung von bis zu 200 Millisievert *pro Stunde* ausgesetzt. Die bekamen die Apollo-Astronauten aber nicht voll ab, denn sie haben sich dort nur kurz aufgehalten und waren außerdem durch ihr Raumschiff teilweise von der Strahlung abgeschirmt. Sie sind auch nicht zu einem Zeitpunkt geflogen, als die Werte besonders hoch waren. Zur Belastung des Fluges kamen aber noch die Strahlung, der sie auf der Oberfläche des Mondes ausgesetzt waren, der ja ebenfalls nicht durch eine Lufthülle oder ein Magnetfeld geschützt ist, und die ganz normale Strahlung, die überall im Weltraum anzutreffen ist. Insgesamt betrug die Belastung bei den Apollo-Missionen zwischen etwa 2 und 10 Millisievert. Das ist viel, verglichen mit den typischen Werten am Erdboden aber noch klar innerhalb der von den Raumfahrtagenturen festgesetzten Grenzwerte.

Wenn wir uns aber länger oder gar dauerhaft außerhalb der Erdatmosphäre aufhalten wollen, wird es kritisch. Das gilt übrigens auch für den Weltraumlift, der die Van-Allen-Gürtel ja ebenfalls durchqueren muss. Der Fahrstuhl erspart uns zwar die teure Raketentechnik; durch die Zonen mit hoher Strahlung muss er aber trotzdem hindurch. Wenn man das nur ein- oder zweimal macht, um eine historische Mission zum Mond zu absolvieren, ist es tolerierbar. Aber wenn nun ständig Menschen im Lift auf und ab fahren, kann sich dabei schnell eine gesundheitsschädliche oder tödliche Strahlenbelastung ansammeln. Gleiches gilt für einen Flug zum Mars, der wesentlich länger dauert als ein kurzer Aufenthalt auf dem Mond, und natürlich umso mehr für Menschen, die vorhaben, ganz auf einen anderen Himmelskörper zu übersiedeln.

Wie wir uns vor der kosmischen Strahlung schützen können

Die Entstehung der kosmischen Strahlung können wir nicht verhindern. Aber wir können uns davor schützen. Auf der Erde schirmt uns die Atmosphäre ab. Im Weltall müssen wir uns selbst um einen Schutzschild kümmern. Über jedem Quadratzentimeter des Erdbodens befindet sich knapp 1 Kilogramm Luft, und wir haben im Laufe der Evolution gelernt, mit dieser Menge an natürlichem Schutz zurechtzukommen. Wenn wir eine gleich starke Abschirmung irgendwo im Weltall zustande bringen können, würden wir dort ebenso wenig unter der kosmischen Strahlung leiden wie auf der Erde. Natürlich können wir nicht die gesamte Luft der Erde ins All transportieren. Aber wir können Materialien verwenden, die ein wenig kompakter sind als Luft, um den gleichen Effekt zu erzielen.

Die Internationale Raumstation ist beispielsweise durch eine Aluminium-Hülle abgeschirmt. Aber leider ist das Problem mit der kosmischen Strahlung komplexer, als es auf den ersten Blick aussieht. Denn nicht alle gefährlichen Teilchen kommen von unserer Sonne. Auch anderswo im All entsteht kosmische Strahlung. Zum Beispiel, wenn große Sterne am Ende ihres Lebens in gewaltigen Explosionen ihre restliche Materie hinaus ins Universum schleudern. Oder in den Zentren fremder Galaxien, wo riesige schwarze Löcher Gas und Staub herumwirbeln und nicht nur verschlucken, sondern Teile davon mit ihrer Gravitationskraft auch so stark beschleunigen, dass sie komplett aus der Galaxie hinausgeworfen werden. Diese Teilchen haben eine wesentlich höhere Energie als die Partikel des Sonnenwinds. Wenn sie zum Beispiel auf die Aluminium-Abschirmung der ISS treffen, erzeugen sie bei der Kollision einen Schauer aus neuen Teilchen (genauso wie die Kollision von Teilchen in einem Teilchenbeschleuniger neue Partikel erzeugen kann), der dann ebenfalls zur Strahlenbelastung beiträgt. Darum gibt es auf der ISS eine Abschirmung aus Kunststoff, deren leichtere Bestandteile bei einem Zusammenstoß mit der kosmischen Strahlung weniger neue Teilchen erzeugen. Eine ideale Lösung bietet aber auch dieser doppelte Schutz nicht, die Astronauten müssen immer noch eine erhöhte Strahlendosis aushalten.

Das liegt nicht daran, dass wir nicht wüssten, wie man Strahlung abschirmen kann. In Kernkraftwerken oder anderen Einrichtungen, in denen mit strahlendem Material hantiert wird, verwendet man dicke Bleischichten, um sich zu schützen. Ausgediente Brennstäbe aus Kraftwerken werden in wassergefüllte Abklingbecken versenkt, denn auch Wasser ist ein guter Schutz vor Strahlung. Eine knapp 20 Zentimeter dicke Schicht aus Wasser schirmt ungefähr so effektiv ab wie eine 1 Zentimeter dicke Bleiwand oder 150 Meter Luft. Aber es ist eben teuer, schweres Blei oder große Mengen an Wasser ins Weltall zu bringen. Würde man einen zwei Meter hohen Raum mit der Grundfläche von einem Quadratmeter (also im Wesentlichen eine Telefonzelle) auf dem Mond genauso gut abschirmen wollen, wie er es auf der Oberfläche der Erde sein würde, bräuchte man dafür knapp 100 Tonnen an Material. Selbst die größte Rakete aller Zeiten, die Saturn V der Apollo-Missionen, müsste fünfmal fliegen, um das alles zum Mond zu bringen. Die Kosten wären absurd hoch, am Ende hätte man einen strahlengeschützten Raum, der so klein ist, dass sich darin nicht viel anfangen lässt.

Und der Mond ist ja gerade mal 400 000 Kilometer weit von der Erde weg und innerhalb weniger Tage zu erreichen. Wenn wir zum Mars fliegen wollen, müssen wir uns nicht nur während des monatelangen Flugs abschirmen, sondern auch genug Material mitbringen, um auf der Oberfläche des Planeten geschützt zu sein (oder die nötigen Mittel, um uns dort eine schützende Behausung zu bauen). Das ist selbst dann nötig, wenn man gar nicht vorhat, unseren Nachbarplaneten zu kolonialisieren, sondern ihm nur einen Besuch abstatten will. Mars und Erde bewegen sich beide um die Sonne herum, tun das aber mit unterschiedlichen Geschwindigkeiten. Sie sind sich manchmal näher, manchmal aber auch sehr weit voneinander entfernt. Idealerweise würde man genau dann zum Mars fliegen, wenn die Flugzeit von der Erde aus gering ist, und auch den Rückflug entsprechend planen. Ein solches Startfenster gibt es alle 26 Monate, man braucht dann ungefähr 6 bis 10 Monate, um den Mars zu erreichen. Wenn auch der Rückflug möglichst kurz sein soll, darf man allerdings nur ein paar Wochen auf dem Mars bleiben.

Oder aber man verweilt ungefähr 2 Jahre und wartet auf das nächste günstige Startfenster. Dann muss man sich auf jeden Fall um den Schutz vor der Strahlung kümmern. Im Gegensatz zur Erde hat der Mars kein Magnetfeld, das die gefährlichen Teilchen schon im Weltraum zurückhalten könnte. Er hat zwar eine Atmosphäre, die ist aber extrem dünn und stellt so gut wie keinen Schutz dar. Der Marsrover Curiosity, der sich seit dem Sommer 2012 auf unserem Nachbarplaneten befindet, hat dort unter anderem die eintreffende kosmische Strahlung vermessen. Zwischen August 2012 und Juni 2013 registrierte man eine Belastung von 0,67 Millisievert pro Tag. Umgerechnet auf eine typische Marsmission wären die Astronauten einer Dosis von insgesamt 1000 Millisievert ausgesetzt. Das überschreitet die Grenzwerte, die derzeit von den Raumfahrtagenturen für ihre Mitarbeiter festgesetzt worden sind, deutlich und erhöht das Risiko einer tödlichen Krebserkrankung. Auch während des Flugs der Raumsonde zum Mars wurde die Strahlenbelastung gemessen. Und obwohl das Messgerät im Inneren der Sonde ähnlich gut abgeschirmt war, wie es ein Astronaut in einem normalen Raumfahrzeug gewesen wäre, wurde eine Dosis von 1,8 Millisievert pro Tag registriert.

Die Erde zu verlassen ist gefährlich. Egal, ob wir uns im Weltraum aufhalten oder auf der Oberfläche eines anderen Himmelskörpers: Die kosmische Strahlung dürfen wir nicht ignorieren. Bis jetzt ist es noch schwer, etwas dagegen zu unternehmen. Eine effektive Abschirmung von Raumschiffen, Raumstationen oder Basen auf Mars und Mond benötigt viel Material, das wir mit Raketen nicht beziehungsweise nur mit absurd hohen Kosten ins All bringen können. Es gibt natürlich Überlegungen, diese Probleme zu umgehen. Man könnte das Raumschiff oder die Mondbasis mit einem künstlichen Magnetfeld umgeben, das als Schutzschild vor der kosmischen Strahlung dient. Im Gegensatz zu einer dicken Wand aus Blei kann so ein magnetischer Schirm allerdings ausfallen, und welchen Einfluss das Magnetfeld auf die elektronischen Instrumente an Bord haben würde, ist ebenfalls unklar. Entsprechende Experimente im Weltraum wurden bisher noch nicht durchgeführt. Wenn es nicht um den Flug durchs All, sondern den Aufenthalt auf einem anderen Himmelskörper geht, könnte man sich auch die Ressourcen vor Ort zunutze machen und eine Mondbasis einfach unter einer dicken Schicht Mondstaub vergraben. Oder sich eine Höhle suchen und dort leben.

Aber all das muss uns nicht mehr groß kümmern, wenn wir einen Weltraumlift zur Verfügung haben* und große Mengen an

* Der Weltraumlift benötigt natürlich auch eine Abschirmung, so wie jedes andere Raumfahrzeug. Da sich die Reisenden im Lift aber nicht allzu lange aufhalten, sind die Grenzwerte für die Strahlung hier kein so großes Problem wie bei langen Weltraumreisen.

Material ins All bringen können. Oder wenn wir gelernt haben, die Ressourcen der Asteroiden zu nutzen. Das dort enthaltene Wasser können wir nicht nur zu Treibstoff und Atemluft verarbeiten, sondern auch als Abschirmung vor der kosmischen Strahlung verwenden.

Der Weltraumlift wird uns dabei helfen, das Problem der kosmischen Strahlung zu lösen. Der Weltraum bleibt trotzdem eine für uns Menschen enorm lebensfeindliche Umgebung. Im All warten noch viele andere Gefahren auf uns, die wir bei weitem noch nicht ausreichend verstanden haben. Die Schwerelosigkeit beeinflusst unseren Körper. Muskeln und Knochen werden abgebaut, Organe arbeiten anders, und da bis jetzt noch kein Mensch *wirklich* lange im Weltraum war, wissen wir auch nicht, wie unser Körper auf ein dauerhaftes Leben in der Schwerelosigkeit reagieren würde.* Wir wissen nicht, welche psychologischen Folgen ein monate- oder gar jahrelanger Flug in einem beengten Raumschiff auf die Astronauten haben würde. Und schließlich bleibt eine nicht ganz unwichtige Frage: Wo wollen wir eigentlich hin? Abgesehen von der Erde gibt es in unserem Sonnensystem schließlich keinen Himmelskörper, der für menschliches Leben richtig gut geeignet ist.

Merkur, der sonnennächste Planet, ist eine Felskugel ohne Atmosphäre, so ähnlich wie der Mond, nur mit noch extremeren Bedingungen. Die Temperaturen können bis auf 430 Grad Celsius steigen und bis auf –173 Grad sinken. Man weiß zwar, dass im ewigen Schatten einiger Krater auch auf dem Merkur Eis existiert, und könnte es vermutlich abbauen und in unterirdischen Stationen kleine Lebensräume für Menschen schaffen. Ein optimales Ziel ist der innerste Planet des Sonnensystems sicherlich nicht, und wenn wir in ferner Zukunft doch einmal Menschen

* Den Rekord für den längsten Aufenthalt im All hält derzeit der Russe Waleri Poljakow, der 437 Tage und 18 Stunden am Stück auf der Raumstation MIR verbrachte.

dorthin schicken werden, dann wohl nur zu Forschungszwecken, um die Nähe zur Sonne für entsprechende Experimente auszunutzen. Auch unser Nachbarplanet Venus ist denkbar ungeeignet für eine Besiedlung. Dort gibt es zwar eine Atmosphäre, aber die besteht fast komplett aus Kohlendioxid und ist so dicht, dass der Treibhauseffekt die Oberfläche auf fast 500 Grad Celsius aufgeheizt hat.

Bleiben vorerst nur der Mond und der Mars als realistische Ziele. Der Mond wegen seiner Nähe zur Erde und aus den zu Beginn des Kapitels genannten wissenschaftlichen Gründen. Aber auch dort müssten wir erst einmal eine komplette, sich selbst erhaltende Infrastruktur schaffen, Treibhäuser bauen, in denen Pflanzen wachsen, die Nahrung und Sauerstoff bereitstellen, Mondgestein die nötigen Ressourcen entnehmen, um ausreichend Wasser und Baumaterial zur Verfügung zu haben, und uns ausreichend vor der kosmischen Strahlung und den extremen Temperaturen isolieren. Mit Weltraumliften auf Mond und Erde wäre es möglich, langfristig eine zweite Heimat für uns Menschen zu errichten. Aber eine zweite Erde wird der Mond wohl nie werden.

Das gilt auch für den Mars, der von allen Himmelskörpern im Sonnensystem der Erde am ähnlichsten ist. Er hat eine dünne Atmosphäre, die allerdings ebenfalls fast nur aus Kohlendioxid besteht. Aber die Temperaturen sind lange nicht so extrem wie auf Merkur, Venus oder Mond. Sie können zwar bis auf –130 Grad Celsius sinken, erreichen aber maximal sommerliche 27 Grad. Im Mittel herrschen auf dem Mars mit –55 Grad Celsius Temperaturen wie in den Polarregionen der Erde. Man weiß mittlerweile, dass es dort jede Menge Wasser in Form von Eis gibt, und hat viele Hinweise darauf gefunden, dass es vielleicht manchmal sogar kurzfristig auftauen kann. Früher gab es auf dem Mars große Seen, Meere und Flüsse und vielleicht sogar einfache Lebewesen. Mikroorganismen wie zum Beispiel Bakterien könnten dort bis heute überlebt haben. Der Mars ist weit davon entfernt, ein lebensfreundlicher Himmelskörper zu sein, aber er ist das Beste, was wir in unserem Sonnensystem finden werden.

Weiter draußen folgen nur noch die großen Gasplaneten, die keine feste Oberfläche haben und fast ausschließlich aus Tausenden Kilometern dicker Atmosphäre bestehen. Jupiter, Saturn, Uranus und Neptun werden zwar von zahlreichen und auch großen Monden umkreist, die aber so fern der Sonne alle enorm kalt sind. Man vermutet, dass manche von ihnen unterirdische Ozeane aus flüssigem Wasser besitzen, in denen vielleicht sogar Leben existieren könnte. Aber um sie zu erreichen, müssten wir uns erst durch kilometerdicke Eisschichten bohren, und bevor wir daran gehen, außerirdische Unterwasserstationen zu konstruieren, sollten wir es doch lieber zuerst mit dem Mars versuchen.*

Oder uns vielleicht überlegen, ob wir das Sonnensystem ganz hinter uns lassen sollten. Eine dauerhafte menschliche Siedlung auf dem Mond oder dem Mars zu errichten ist möglich. Es ist nicht einfach – ganz im Gegenteil. Und vermutlich werden wir es nicht schaffen, solange wir ohne Weltraumlift keinen direkten Zugang ins All haben. Aber selbst dann wird es eine enorm komplizierte, langwierige, teure und riskante Aufgabe sein.**

* Abgesehen davon verursacht das ausgedehnte und starke Magnetfeld des Jupiters eine hohe Strahlenbelastung auf den Monden.

** Neben den Plänen der großen Raumfahrtagenturen gibt es auch immer wieder Vorschläge privater Organisationen, wie man zum Mars fliegen könnte. „Mars One“ will zum Beispiel ab 2024 Menschen zu unserem Nachbarplaneten schicken, um dort eine dauerhafte Kolonie zu errichten. Die Reise ist schon vorab ohne Rückkehr geplant; wer zum Mars fliegt, wird dort auch sterben. Zur Unterstützung der Kolonisten sollen schon vorher unbemannte Flüge Material auf dem Mars abladen. Von Raumfahrtexperten wie dem ehemaligen Astronauten Ulrich Walter werden aber sowohl die Kosten als auch der Zeitplan für die Mission als völlig unrealistisch eingeschätzt, und es ist fraglich, ob sie jemals stattfinden wird bzw. ob die Astronauten bei diesem Vorhaben überhaupt wohlbehalten am Mars ankommen.

Wenn wir unsere Zivilisation vor den Gefahren aus dem Weltraum schützen wollen, wird uns nichts anderes übrig bleiben, als diese große und mühsame Aufgabe irgendwann anzugehen. Aber wenn wir schon bereit sind, so viel Zeit, Geld und Arbeitskraft zu investieren: Könnten wir dann nicht auch gleich probieren, zu einem *anderen* Stern zu fliegen? Immerhin wissen wir heute, dass es überall im Universum Planeten gibt. Sie sind so zahlreich wie die Sterne selbst. Da wird doch irgendwo einer zu finden sein, der eine echte „zweite Erde“ ist? Ein Planet, bei dem wir uns nicht mit einer giftigen Atmosphäre oder extremen Temperaturen herumärgern müssen. Ein Planet, auf dem wir uns zum Schutz vor kosmischer Strahlung nicht tief in den Boden eingraben müssen, ein Planet, auf dem wir so leben können wie zu Hause. Ein Planet, der nicht nur einer kleinen Gruppe fest entschlossener Abenteurer eine Heimat bieten kann, sondern einer zweiten Menschheit. Würden wir lernen, wie man nicht nur zwischen den Planeten reist, sondern *zwischen den Sternen*, könnte unserer Gesellschaft kein Asteroid mehr gefährlich werden; keine kosmische Katastrophe wäre in der Lage, uns alle auf einmal auszulöschen. Unsere Zukunft läge von da an allein in unserer Hand.

Kapitel 8
Unsere Zukunft in den Sternen

Die letzte Atombombe ist explodiert. Mehr als 100 Jahre lang waren die atomaren Explosionen unser ständiger Begleiter. Sie haben uns von der Erde weg und in den Raum zwischen den Sternen getragen. Sie haben uns auf unvorstellbar hohe Geschwindigkeiten beschleunigt. Eine Explosion nach der anderen hat das Schiff in Vibration versetzt und dabei vorwärts durch das Weltall katapultiert. Wir sind mit diesen Detonationen aufgewachsen, und ihr plötzliches Ende erscheint uns ebenso unnatürlich, wie ihr Einsetzen unseren Großeltern erschienen sein muss, als sie von der Erde auf ihre lange Reise aufgebrochen sind.

Das Sonnensystem war zu dieser Zeit schon längst erforscht. Menschen hatten den Mond und den Mars besucht und Außenposten errichtet. Wir sind zu den Asteroiden geflogen, um uns ihre Ressourcen zunutze zu machen. Die Weltraumfahrstühle haben einen beständigen Strom von Menschen und Raumschiffen von der Erde ins All gebracht. Wir sind zu den eisigen Monden des Jupiter und des Saturn geflogen und haben ihre unterirdischen Ozeane erforscht. Wir haben die Atmosphäre der Gasplaneten angezapft, um Treibstoff für unsere Raumfahrzeuge zu gewinnen. Wir waren überall – nur die Sterne blieben immer so fern, wie sie es Jahrtausende zuvor gewesen waren.

Als die ersten Menschen sich dazu entschlossen, das Sonnensystem zu verlassen, wussten sie, dass es eine Reise ohne Wiederkehr sein würde. Sie wussten auch, dass sie ihr Ziel niemals zu Gesicht bekommen würden. Der Raum zwischen den Sternen ist so groß, dass selbst die schnellen Raumschiffe mit dem atomaren Explosionsantrieb länger für seine Durchquerung brauchen, als ein Leben dauert. Erst die Kinder oder Enkelkinder der Startmannschaft würden am Ziel ankommen und als erste Menschen mit ihren eigenen Augen auf fremde Planeten blicken.

Wir sind diese Menschen, und der Planet liegt nun endlich vor uns. Das Raumschiff ist bei Alpha Centauri angekommen, dem Nachbarstern der Sonne, die wir nie zu Gesicht bekommen haben. Wir haben unser ganzes bisheriges Leben im Weltall verbracht und sind nun an dem Ziel, das unsere Vorfahren unbedingt erreichen wollten. Dass die Doppelsonne von Alpha Centauri von Planeten umkreist wird, wussten wir. Schon von der Erde aus konnten die Astronomen feststellen, dass einer der beiden Sterne von Himmelskörpern umkreist wird und einer dieser Himmelskörper der Erde in Größe und Gewicht ähnelt. Mit den großen Teleskopen, die nach dem Bau des Weltraumlifts ins All gebracht werden konnten, fand man zudem Hinweise auf lebensfreundliche Bedingungen; auf angenehme Temperaturen, flüssiges Wasser und vielleicht sogar auf einfaches Leben. Die Beobachtungen, die wir während unseres langen Flugs gemacht haben, bestätigten das: Der Planet von Alpha Centauri war eine zweite Erde, unsere Reise würde nicht umsonst gewesen sein. Wir würden einen Planeten vorfinden, auf dem wir wohnen können.

Aber der Planet, auf den wir nun hinabblicken, *ist* schon bewohnt. Deutlich können wir auf seiner Nachtseite die künstlichen Lichter einer Zivilisation sehen. Nicht viele; keine großen

Städte wie auf der Erde. Aber dort leben definitiv intelligente Lebewesen. Von der beleuchteten Siedlung auf der Planetenoberfläche reicht ein Kabel bis hinaus ins All, wo es an einer kleinen Raumstation verankert ist. Auch im Sonnensystem von Alpha Centauri hat man also die Idee gehabt, einen Weltraumlift zu bauen.

Ein Funkspruch erreicht uns. Man scheint nicht nur zu wissen, dass wir angekommen sind, sondern auch genau, wie und auf welcher Frequenz wir zu erreichen sind. Aus unserem Empfänger dringt allerdings keine unverständliche Alien-Sprache, sondern klares und deutliches Englisch, das die Standardsprache auf unserem Raumschiff ist. Und es sind auch keine Aliens, die uns da kontaktieren, sondern andere Menschen. Sie gratulieren uns zu unserer erfolgreichen Reise. Wir seien fast genau zum erwarteten Zeitpunkt eingetroffen. Die Bewohner der Centauri-Kolonie seien schon höchst gespannt auf unsere Geschichten. Es müsse eine spannende Reise gewesen sein, alle wollten unbedingt die Nachfahren der großen interstellaren Pioniere kennenlernen. Es sei nur schade, dass unsere Großeltern nicht noch ein paar Jahrzehnte mit ihrem Abflug gewartet hätten. Dann hätten sie noch die Erfindung des überlichtschnellen Raumflugs erlebt und sich die lange und mühsame Reise sparen können. Heute reisen die Menschen zwischen den Sternen genauso schnell, wie sie früher auf der Erde mit Flugzeugen zwischen einzelnen Städten gereist sind. Unser Generationen überdauernden Flug war also letzten Endes sinnlos. Die Menschheit hat sich viel schneller im Universum ausgebreitet.

Überlichtschnelles Reisen? Raumschiffe, die mit Atombombenexplosionen angetrieben werden und zu anderen Sonnensystemen fliegen? Ist das noch seriöse Wissenschaft oder reine Spekulation? Genau genommen ist es: reine Spekulation, die auf seriöser Wissenschaft beruht. Wir haben bis jetzt keinerlei Erfahrung mit der interstellaren Raumfahrt, aber zumindest einige sehr brauchbare Ideen, wie sie zu bewerkstelligen wäre. Es ist nicht unmöglich, dass in der Zukunft tatsächlich Menschen zu Alpha Centauri fliegen, um dort nach erdähnlichen Planeten zu suchen. Es gibt keine prinzipiellen physikalischen Gründe, die das undurchführbar machen – obwohl es dann eher doch unwahrscheinlich ist, dass sie dort eine menschliche Kolonie treffen, die mit Überlichtgeschwindigkeit vor ihnen eingetroffen ist. Aber wer weiß…

Die Probleme der bemannten Raumfahrt wurden schon im letzten Kapitel ausführlich erklärt. Der Weltraum ist eine lebensfeindliche Umgebung, und es ist schon riskant genug, nur zwischen den Planeten des Sonnensystems hin und her zu fliegen. Will man aber zu den Sternen reisen, kommt noch ein weiteres, viel größeres Problem hinzu: die enorm langen Distanzen!

Durch die Leere

Das Universum ist im Wesentlichen leer. Nur ab und zu wird diese Leere durch einen Stern unterbrochen. Wenn wir nachts zum Himmel blicken, sehen wir zwar ein funkelndes Meer aus Lichtern. Aber der Eindruck täuscht, die Distanzen zwischen den Sternen sind kaum vorstellbar. Ein normales Verkehrsflugzeug fliegt mit einer Geschwindigkeit von etwa 900 Kilometern pro Stunde. Würde es einen ganzen Tag ohne Landung fliegen, hatte es danach 21 600 Kilometer zurückgelegt was ein wenig mehr als die Hälfte des Erdumfangs am Äquator ist. Wir haben uns an das schnelle Reisen mit dem Flugzeug gewöhnt, und wenn wir heute in ein paar Stunden zwischen allen Städten in Europa hin und her jetten oder innerhalb eines Tages einen anderen Kontinent erreichen können, erscheint uns das nicht mehr weiter bemerkenswert. Der Flugverkehr hat die Distanzen auf der Erdoberfläche schrumpfen lassen, und wir können, vorausgesetzt, das Flugzeug ist schnell genug, jeden beliebigen Ort innerhalb eines Tages erreichen.

Wollten wir allerdings mit einem normalen Flugzeug von der Erde bis zum Mond fliegen, würden wir für die Strecke mehr als 16 Tage brauchen! Zur Sonne wären wir sogar über 19 Jahre lang unterwegs (abgesehen davon sind Verkehrsflugzeuge aber natürlich sowieso nicht weltraumtauglich). Die Distanzen sind schon fast unvorstellbar groß, wenn es nur um unsere unmittelbare kosmische Nachbarschaft geht. Zu den Sternen ist es aber noch viel weiter.

Der Sonne am nächsten liegt derzeit der kleine Stern Proxima Centauri, knapp gefolgt vom Doppelstern Alpha Centauri.* Der Abstand zu ihnen beträgt 4,3 Lichtjahre. Sie sind damit 272 000 Mal weiter von der Erde entfernt als die Sonne. Mit unserem Flugzeug wären wir über 5 Millionen Jahre lang unterwegs. Die bisher von uns konstruierten Raumfahrzeuge sind natürlich alle deutlich schneller, aber auch sie würden unvorstellbar lange brauchen, um auch nur den nächsten Stern zu erreichen.

Die bisher schnellsten Raumsonden, die Menschen gebaut haben, waren die beiden Helios-Sonden, die 1974 und 1976 ins All geschickt wurden. Die Mission war eine Zusammenarbeit zwischen den USA und (West-)Deutschland, und die Sonden erreichten eine Geschwindigkeit von knapp 70 Kilometern pro Sekunde. Mit diesem Tempo ließe sich die Distanz zwischen Berlin und Washington in 96 Sekunden zurücklegen. Zu Alpha Centauri

* Es wird vermutet, dass Proxima und Alpha Centauri gemeinsam ein Dreifachsternsystem bilden. Bis jetzt konnte man aber noch nicht zweifelsfrei nachweisen, dass die drei Sterne tatsächlich gravitativ aneinander gebunden und sich nicht einfach nur zufällig gerade sehr nahe sind. Im Jahr 2012 haben Wissenschaftler die Entdeckung eines Planeten verkündet, der einen der beiden Sterne von Alpha Centauri umkreist. Mittlerweile ist man sich aber ziemlich sicher, dass er nicht existiert, da die Messungen zu ungenau waren, um sein Vorhandensein einwandfrei nachzuweisen. Das bedeutet aber nicht, dass es dort keine Planeten geben kann. Wir haben nur bis jetzt noch keine entdeckt.

würde die Raumsonde aber trotzdem noch 18 400 Jahre brauchen! Helios 1 und 2 waren allerdings auch nicht unterwegs zu fernen Sternen, sondern zu unserer eigenen Sonne. Das schnellste Objekt, das wir bis jetzt in die andere Richtung geschickt haben, war die Raumsonde Voyager 1, die sich mit 17 Kilometern pro Sekunde von der Sonne entfernt. Sie wurde im August 1977 ins All geschickt und hat sich bis heute von allen künstlichen Raumfahrzeugen am weitesten in den Weltraum vorgewagt.

Voyager 1 ist derzeit (Stand: Oktober 2014) 129 Mal weiter von der Sonne entfernt als die Erde. Damit hat sie alle bekannten Planeten hinter sich gelassen, ist an den Asteroiden des Kuipergürtels* vorbeigeflogen und befindet sich derzeit in einer Übergangsregion, von der wir nicht viel wissen. Irgendwann wird die Sonde endgültig das Sonnensystem verlassen. Bis zu Alpha Centauri würde sie aber immer noch knapp 75 000 Jahre brauchen (vorausgesetzt, sie flöge in die richtige Richtung, was sie aber nicht tut).

Egal, wie man es beschreibt: Das Universum ist riesig! Würde man es so weit schrumpfen lassen, dass die Sonne nur noch einen Zentimeter groß wäre,** hätte die Erde gerade mal den Durchmesser eines Zehntelmillimeters und wäre knapp einen Meter von der Sonne entfernt. Bis zu Neptun, dem äußersten der Planeten, wären es im geschrumpften Universum 42 Meter, Voyager 1 hätte sich immerhin schon 136 Meter von der Sonne entfernt. Alpha Centauri aber ist dann trotz allem immer noch knapp 290 Kilometer weit weg.

* Ein weiterer Asteroidengürtel in der äußeren Region unseres Sonnensystems, der hinter der Bahn des Neptun beginnt und wesentlich mehr Asteroiden enthält als der Hauptgürtel zwischen Mars und Jupiter. So weit von der Sonne entfernt haben sich die Planetesimale während der Zeit der Planetenentstehung so langsam bewegt, dass keine großen Himmelskörper mehr entstehen konnten.

** Was einem Maßstab von 1 zu 140 Milliarden entspricht.

Selbst das Licht, das sich mit der maximal möglichen Geschwindigkeit von 300 000 Kilometern pro Sekunde bewegt, benötigt 4,3 Jahre, um diese unvorstellbare Entfernung zurückzulegen. Es scheint unmöglich, die Distanzen zwischen den Sternen in einer für uns Menschen vorstellbaren Zeitspanne zu überbrücken. Oder gar in einer, die wir *überleben* können. Möchten wir nicht länger als 30 Jahre zwischen Erde und Alpha Centauri unterwegs sein, müssen wir mit einer Geschwindigkeit von 43 000 Kilometern pro Sekunde reisen. Das entspricht fast 15 Prozent der Lichtgeschwindigkeit. Mit der Technik, die uns derzeit zur Verfügung steht, ist das unmöglich zu schaffen.

Völlig unvorstellbar ist der Flug zu den Sternen dennoch nicht. Wenn wir uns ein bisschen mehr Zeit lassen, könnte es klappen. Wir brauchen dazu nur jede Menge Atombomben. Das klingt überraschend primitiv. Atombomben sind immerhin schon vor über 70 Jahren entwickelt worden. Als Zukunftstechnologie für die Besiedelung des Weltraums kann man sie sich erst mal nicht vorstellen. Und trotzdem haben sich schon in der Frühzeit der Raumfahrt kluge Köpfe Gedanken über den Einsatz von Atombomben als Antrieb gemacht.

Nach dem Ende des Zweiten Weltkriegs war man in den USA von der neuen atomaren Technik so sehr begeistert, dass man sie nicht nur als Waffe verwenden, sondern auch zum Wohl der Bevölkerung einsetzen wollte. Vielleicht war es aber auch nur das schlechte Gewissen, das Forscher dazu brachte, nach einer zivilen Nutzung für die Massenvernichtungswaffen zu suchen. Unter dem Namen „Operation Pflugschar“ dachten Teams von Wissenschaftlern zum Beispiel darüber nach, mit nuklearen Explosionen Rohstoffe aus der Erde zu sprengen, den Panama-Kanal zu erweitern oder neue Küstenlinien und Häfen zu schaffen. Zum Glück nahm man davon wieder Abstand. Umweltverschmutzung und radioaktive Kontamination sind einfach ein viel zu großes Risiko. Auf der Erde. Im Weltraum sieht die Sache anders aus.

Im Jahr 1957, als mit Sputnik 1 der erste künstliche Satellit die Erde umkreiste, begann die USA mit dem „Projekt Orion". Geschockt durch diesen großen Erfolg der Sowjetunion wollte Amerika den Rückstand beim Wettlauf ins All möglichst schnell aufholen. Neben der Forschung an klassischen chemischen Raketen gerieten neue Wege der Raumfahrt ins Visier. Die Physiker Ted Taylor und Freeman Dyson schlugen vor, Atombomben einzusetzen. Das Prinzip hinter dieser Idee ist eigentlich recht simpel. Ein Raumschiff wird mit einer großen Menge nuklearer Bomben beladen. In regelmäßigen Abständen werden die Sprengsätze aus dem Heck ausgestoßen und hinter dem Schiff zur Explosion gebracht. Das dabei entstehende Plasma und die Trümmer werden von einer „Prallplatte" aufgefangen, die sich am Ende des Raumschiffs befindet. Sie schützt das Fahrzeug einerseits vor der Zerstörung, andererseits sorgt sie dafür, dass der Impuls der Detonation das Schiff vorwärts treibt.

Der nukleare Pulsantrieb

Dieser „nukleare Pulsantrieb" ist eine brutale Variante des sanften Sonnensegels, das wir in Kapitel 4 kennengelernt haben. Dort waren es die kleinen Lichtteilchen, die auf das dünne Segel trafen und bei der Reflexion eine winzige Kraft auf das Raumschiff übertrugen. Bei Projekt Orion ist es das atomare Feuer der Nuklearexplosion, das auf dicke Stahlplatten trifft und das Raumfahrzeug ungleich heftiger vorantreibt. Mit einer einzigen Explosion ist es natürlich nicht getan. Man muss die Bomben mindestens im Sekundentakt detonieren lassen, um ein Schiff ausreichend zu beschleunigen.

Das klingt nach einer absurden Idee, ist rein physikalisch aber absolut machbar und wurde von der NASA auch in der Praxis getestet. Nicht mit echten Atombomben und nicht mit einem echten Raumfahrzeug. Aber 1959 wurde ein 120 kg schweres Modell mit konventionellen Explosionen immerhin auf eine Flughöhe von 100 Metern gebracht. Trotz dieses Erfolgs waren die Verantwortlichen bei der NASA nicht von dem Konzept überzeugt. Taylor und Dyson bemühten sich zwar, die Vorteile des nuklearen Pulsantriebs herauszustellen, und entwickelten detaillierte Konstruktionspläne für Raumfahrzeuge, mit denen man große Menge an Material ins All bringen konnte. Eine Mission sah zum Beispiel vor, eine Crew von acht Menschen in nur wenig mehr als vier Monaten zum Mars und wieder zurück zu bringen. Der 1963 abgeschlossene „Vertrag zum Verbot von Nuklearwaffentests in der Atmosphäre, im Weltraum und unter Wasser" zwischen Großbritannien, den USA und der Sowjetunion sorgte für das endgültige Aus des Projekts Orion. 1965 wurde es eingestellt, aber die Wissenschaftler haben nicht aufgehört, darüber nachzudenken. Wenn man zu den Sternen fliegen will, ist der nukleare Pulsantrieb immer noch eine gute und vor allem realisierbare Möglichkeit.

Auch wenn ein Raumschiff mit „Orion-Antrieb" nie gebaut wurde, haben Wissenschaftler und Ingenieure doch detaillierte Vorstellungen, wie es zu konstruieren wäre. Materialien für die Prallplatte, die einer Dauerbelastung durch die atomaren Detonationen standhalten können, wurden getestet, Stoßdämpfer geplant, die die starken Beschleunigungsspitzen abfangen und der Besatzung eine halbwegs ruhige Reise garantieren. Man hat Entwürfe für die nuklearen Treibladungen erstellt, damit sie möglichst wenig radioaktive Kontamination am Raumschiff verursachen, und spezielle Abschirmungen für die Crew entworfen, um sicheres Reisen zu ermöglichen. Wenn wir wollten, könnten wir so ein Raumschiff heute bauen, ohne zuvor fundamental neue wissenschaftliche Probleme lösen zu müssen. George Dyson, Wissenschaftshistoriker und Sohn von Freeman Dyson, hat den nuklearen Pulsantrieb sogar als eine „Standardtechnik“ bezeichnet.

Beim Atombomben-Antrieb hat sicherlich auch die Angst vor radioaktiver Strahlung dazu geführt, dass man dieses Projekt nicht weiterverfolgt hat. Von der Erde startende Raumschiffe hätten zwangsläufig zu einer Erhöhung der globalen Strahlenbelastung geführt. Unfälle bei Start oder Landung hätten radioaktives Material freisetzen und große Landstriche verseuchen können. Aber in einer Zukunft, in der uns ein Weltraumlift zur Verfügung steht, müsste die Erde nicht in Kontakt mit den nuklearen Raumschiffen kommen. Sie könnten direkt im Weltall konstruiert werden; auf einer Mond- oder Marsbasis oder auch im Asteroidengürtel, wo die Rohstoffe für den Bau vor Ort vorhanden sind.

Die Orion-Schiffe würden niemals auf einem Planeten landen, sondern nur zwischen ihnen hin und her fliegen, der Transport vom und in das All mit Weltraumliften erfolgen. Die schnellen nuklearen Raumschiffe könnten die Reisezeiten zwischen den Himmelskörpern in unserem Sonnensystem massiv verkürzen, und die Astronauten und Passagiere müssten nicht mehr monate- oder jahrelang unterwegs sein. Und es wäre möglich, mit ihnen zu anderen Sternen zu fliegen.

So schnell wie in den Science-Fiction-Filmen wird das allerdings nicht funktionieren. Ein ausreichend großes Raumschiff mit entsprechend vielen nuklearen Treibladungen könnte zwar so stark beschleunigt werden, dass wir fremde Sterne erreichen. Aber auch dann wird man noch Jahrzehnte oder Jahrhunderte unterwegs sein.

Je nach Art und Weise der Konstruktion und der Größe des Schiffes könnte es Geschwindigkeiten von bis zu 10 Prozent der

Lichtgeschwindigkeit erreichen. Mit entsprechenden Beschleunigungs- und Bremsphasen wäre ein Flug zu Alpha Centauri in ungefähr 100 Jahren zu schaffen. Der Antrieb ist dabei aber nur das geringste Problem. Bei einer so langen Flugzeit muss die Besatzung vollkommen autark sein. Ein interstellares Raumschiff wäre kein Raumschiff mehr, es wäre eine eigene *Welt,* in der Menschen ihr ganzes Leben verbringen, in der Menschen sterben werden. Diejenigen, die am Ende ihren Fuß auf einen Planeten außerhalb des Sonnensystems setzen, werden unterwegs geboren worden sein.

Unterwegs mit Generationenschiffen

Der Bau so eines „Generationenschiffs" ist eine überwältigende Herausforderung. Die größte Hürde wären die enormen Ausmaße, die so eine kosmische Arche haben müsste. Es bräuchte Platz, um Pflanzen anzubauen; vielleicht sogar, um Tiere halten zu können. Die Besatzung muss groß genug sein, um sicherzustellen, dass am Ende genügend Nachfahren auf dem neuen Planeten ankommen, um ihn kolonialisieren zu können. All diese Menschen müssen irgendwo leben, schlafen und essen. Sie müssen arbeiten, sich erholen und im Prinzip fast all das tun können, was sie auch auf der Erde tun würden. Für einen kurzen Flug zu Mond oder Mars kann man sich zur Not ein paar Wochen lang in ein enges Raumschiff quetschen und nur mit dem Nötigsten überleben. Bei einer jahrzehntelangen Reise zu anderen Sternen nicht.

Das Generationenschiff müsste allerdings im All gebaut werden, mit den Rohstoffen der Asteroiden. Hinauftransportieren ließen sich die Mengen an Material nicht. Es wäre vermutlich sogar am klügsten, die Asteroiden selbst als Raumschiffe zu nutzen. Ein ausreichend großer Felsbrocken könnte ausgehöhlt und darin ein künstliches Habitat geschaffen werden. Mindestens 40 000 Menschen sollten darin leben können, um die genetische Vielfalt für eine überlebensfähige Koloniale sicherzustellen. (Man könnte die Zahl reduzieren, indem man eingefrorene Ei- und Samenzellen mitnimmt; auch um nach der Ankunft die genetische Vielfalt durch künstliche Befruchtung erhöhen zu können.) Im Inneren des Asteroiden wären sie vor der kosmischen Strahlung geschützt.

Beschleunigt das Asteroiden-Raumschiff konstant mit $9{,}81\,m/s^2$, dann entsteht im Inneren eine künstliche Schwerkraft, die der auf der Erde gleicht. So wie man in einem anfahrenden Auto in die Sitze gedrückt wird, würden die Bewohner des Generationenschiffs während der gesamten Reise mit einer Kraft auf die „Rückseite“ des Raumschiffs gepresst, die sich nicht von der Schwerkraft auf der Erde unterscheidet.* Diese künstliche Gravitation ist auch dringend nötig, wenn man ein halbwegs vernünftiges Leben führen will. Die wenigen medizinischen Experimente (an Tieren, nicht Menschen), die zu diesem Thema gemacht wurden, zeigen, dass es schwer sein wird, in der Schwerelosigkeit ein Kind zu zeugen oder zur Welt zu bringen. Eizellen und Spermien verhalten sich ohne Gravitation ganz anders als auf der Erde, die Geburt verläuft schwieriger und die Sterblichkeit ist höher. Es gibt außerdem Hinweise darauf, dass Schwerkraft nötig ist, damit ein Fötus im Mutterleib keine Knochenschäden, Herzfehler oder sonstigen Schäden entwickelt. Auch der Mensch erleidet gesundheitliche Schäden, wenn er zu lange ohne die gewohnte Gravitation auskommen muss. Die Muskeln werden nicht so beansprucht wie auf der Erde und bilden sich zurück, wogegen selbst ständiges Training keinen vollkommenen Schutz bietet. Auch die

* Auf halber Strecke muss das Raumschiff allerdings die Beschleunigung kurzfristig einstellen, sich umdrehen und den Rest des Weges mit $9{,}81\,m/s^2$ *bremsen*, um am Ende nicht über das Ziel hinauszuschießen.

Knochenmasse wird geringer, das Immunsystem wird schwächer, und viele Langzeitastronauten klagten über Probleme mit den Augen. Untersuchungen haben bei Astronauten auch Hinweise auf eventuelle Gehirnschädigungen und ein erhöhtes Alzheimer-Risikio geliefert.

Eine zweite Welt im All darf nicht zu sehr von den Bedingungen auf der Erde abweichen. Dass es aber schwer ist, eine völlig abgeschlossene und sich selbst erhaltende Welt zu konstruieren, zeigen Experimente, die in der Vergangenheit auf der Erde durchgeführt worden sind.

In der Wüste von Arizona sollte Ende des 20. Jahrhunderts eine zweite *Biosphäre* entstehen, die völlig unabhängig von der irdischen Umwelt existiert. Mehr als 200 000 Kubikmeter wurden von einer Kuppel aus Beton, Stahl und Glas umschlossen, Pflanzen und Tiere wurden angesiedelt und verschiedene Lebensräume naturgetreu nachgebaut. Es gab eine kleine Wüste, einen Mini-Ozean, eine Savanne, einen Dschungel, Felder für Landwirtschaft und Wohngebäude. Am 26. September 1991 bezogen acht Menschen diese kleine Welt, das Projekt „Biosphäre 2“ begann.

Bezahlt vom amerikanischen Milliardär Edward Bass und beobachtet von der NASA, wollte man in der abgeschlossenen Umwelt herausfinden, ob Menschen längere Zeit autark überleben können. Nichts durfte von der Außenwelt in die Biosphärenkuppel eindringen und nichts von drinnen nach draußen gelangen. Nur das Licht der Sonne und Elektrizität erhielten die Bewohner von außerhalb, für den Rest mussten sie selbst sorgen. Schnell wurde das Ausmaß der Probleme deutlich: Der Sauerstoffgehalt innerhalb der Biosphäre sank beständig, und damit auch die Leistungsfähigkeit der Testpersonen. Schließlich blieb nichts anderes übrig, als von außen Sauerstoff einzuleiten. Man hatte nicht bedacht, dass der Beton, aus dem die Kuppel gebaut worden war, Sauerstoffmoleküle absorbierte. Auch die Nahrung wurde knapp. Tiere und Pflanzen starben. Die ökologischen Kreisläufe funktionierten nicht so, wie sie sollten. Mikroben in der Erde gaben zu viel Kohlendioxid an die Luft ab. Insekten vermehrten sich unkontrolliert. Die Bewohner stahlen sich gegenseitig Essen und spalteten sich in zwei verfeindete Lager auf. Zwei Jahre und 20 Minuten nach dem Start des Projekts wurde es beendet und für gescheitert erklärt.

Aus wissenschaftlicher Sicht gab es aber zumindest einen Erfolg: Man weiß nun genauer, *wie* enorm kompliziert es ist, eine künstliche Umwelt zu schaffen, in der Menschen dauerhaft überleben. Wenn uns das schon auf der Erde nicht gelingt, wird es im Weltall noch schwerer werden. Es sprechen keine zwingenden physikalischen Gründe dagegen, ein Generationenraumschiff zu bauen, und vermutlich würde es sich mit der heutigen Technik bewerkstelligen lassen. Aber es wäre eine enorm komplexe und riskante Aufgabe, die wir auch erst dann angehen könnten, wenn wir wesentlich besser über die ökologischen Vorgänge Bescheid wissen, die uns das Überleben sichern.

Es ist nicht unrealistisch, dass wir in ein paar Jahrzehnten in der Lage sind, einen Weltraumlift zu bauen oder Asteroidenbergbau zu betreiben. Wenn wir uns dazu entschließen, diese Projekte zu verfolgen, und unsere Ressourcen und Bemühungen konzentriert darauf ausrichten, können wir diese Ziele in vergleichsweise naher Zukunft erreichen. Die Besiedelung des Mondes oder des Mars wäre ein nächster logischer Schritt. Ein Generationenschiff zu bauen und damit zu einem anderen Stern zu fliegen wäre für die Menschheit aber selbst dann eine fast (!) unlösbare Aufgabe, wenn sie sich schon längst über das Sonnensystem ausgebreitet hat.

Wenn wir erst einmal eine dauerhafte Präsenz im All und auf den nahen Himmelskörpern etabliert haben, ist es nicht unwahrscheinlich, dass wir auch Raumschiffe mit nuklearem Pulsantrieb bauen. Sie eignen sich gut, um zwischen den Planeten zu reisen, und sie sind vor allem auch ein gutes Mittel bei der Asteroidenabwehr. Anstatt auf der Erde mit Atombomben hantieren zu müssen, könnten wir diese als Treibstoff für die Pulsschiffe verwenden. Sollte dann ein Asteroid der Erde überraschend zu nahe kommen, können sie ihm in kurzer Zeit entgegenfliegen, mit ihm kollidieren und ihn von seinem Kollisionskurs abbringen. Selbst wenn wir mit unserem Weltraumlift nicht weiter als über den geostationären Orbit hinaus kommen und die visionären Pläne von bemannten Stationen auf Mars und Mond weiterhin Pläne bleiben, wird es sich lohnen, ein paar Raumschiffe mit atomarem Antrieb zur Verfügung zu haben. Und auch wenn wir es schaffen, die Rohstoffe der Asteroiden abzubauen, zwischen den Planeten hin und her zu fliegen oder autarke Biosphären auf anderen Himmelskörpern zu errichten, ist es doch noch einmal etwas völlig anderes, all das zu kombinieren und unser heimatliches Sonnensystem dauerhaft zu verlassen.

Die Kolonisten wären völlig auf sich gestellt. Es gäbe ab einer gewissen Entfernung keine sinnvolle Kommunikation mehr mit der Erde, da man monate- oder jahrelang auf eine Antwort warten müsste. Jede Fehlfunktion könnte das Ende bedeuten. Die Reise würde länger dauern als ein Menschenleben, und selbst wenn die Nachfahren der Aussiedler unversehrt an ihrem Ziel ankommen sollten, wären sie dort immer noch so komplett von der Erde abgeschnitten, wie sie es auf ihrer Reise waren.

Der Weltraumlift kann uns helfen, die Raumfahrt auf ein völlig neues Niveau zu heben und die Erde vor Asteroiden zu schützen. Er kann die Gefahr durch die kosmischen Felsbrocken in eine Chance verwandeln und uns die Rohstoffe im Weltall erschließen. Mit diesem Material können wir viele der Probleme lösen, die uns derzeit auf der Erde beschäftigen – und wir können beginnen, den Rest des Sonnensystems zu erforschen. Aber weder Weltraumfahrstuhl noch Asteroidenbergbau können die Distanzen zu den Sternen verkürzen. Wir haben nur zwei Möglichkeiten: Entweder wir geben uns mit den lebensfeindlichen Himmelskörpern in unserem Sonnensystem zufrieden und versuchen das Beste aus einer Besiedlung von Mars oder Mond zu machen. Oder aber wir nehmen die Aufgabe in Angriff, auf eine Jahrhunderte währende Reise zu gehen, um anderswo eine zweite Erde zu suchen.

Beide Wege sind riskant und schwierig, aber ultimativ notwendig, wenn wir als Menschheit dauerhaft überleben und Katastrophen auf der Erde entgehen wollen. Es wäre viel schöner, wenn die Zukunft so aussehen würde wie in den Science-Fiction-Filmen. Dann könnten wir einfach mal eben schnell durch das nächste Wurmloch fliegen oder den Überlichtgeschwindigkeitsantrieb anwerfen, um in ein paar Stunden von einem Stern zum anderen zu hoppen, anstatt uns mit primitiven Atombomben durchs Weltall zu sprengen. Gibt es denn keine Möglichkeit, anders und vor allem schneller durch den Weltraum zu reisen? Doch, ja, die gibt es – vielleicht.

Wurmlöcher und Warp-Antrieb

Ideen sind im Laufe der Zeit natürlich in großer Zahl entwickelt worden. Man könnte mit den beschriebenen Techniken Lichtsegel oder Ionenantrieb zu anderen Sternen fliegen, würde dabei aber noch viel länger unterwegs sein als mit den Orion-Schiffen. Andere Konzepte sehen vor, dass sich ein Raumschiff mit einem großen magnetischen „Trichter“ im interstellaren Raum selbst Treibstoff besorgt und die einzelnen Atome und Moleküle einsammelt, die dort herumschwirren. Man könnte Kernfusion einsetzen, um die Materie noch effektiver in Energie umzuwandeln als beim nuklearen Pulsantrieb.* Aber weder wissen wir genau, wie man so einen „magnetischen Trichter“ in der Praxis baut, noch haben wir es bis jetzt geschafft, die Kernfusion unter Kontrolle zu bringen. Am effektivsten wäre es, Antimaterie als Treibstoff zu verwenden, die bei Kontakt mit Materie komplett in Energie umgewandelt werden kann. Wir sind zwar momentan in der Lage, in großen Teilchenbeschleunigern ein paar Atome Antimaterie künstlich zu erzeugen, aber noch weit davon entfernt, das in so großen Mengen zu tun, die für einen Raumschiffantrieb reichen würden. Es wäre vermutlich einfacher und billiger, ein Generationenschiff zu bauen, als auf Antimaterie als Treibstoff zu hoffen.

Und wie sieht es mit Wurmlöchern und Überlichtgeschwindigkeitsantrieb aus? Tatsächlich existieren sie nicht nur in der Science-Fiction, sondern auch in der wissenschaftlichen Fachliteratur. Wir sollten uns dennoch keine großen Hoffnungen machen, demnächst per Warp-Antrieb zu den Sternen aufbrechen zu können…

Im Fernsehen flog das „Raumschiff Enterprise“ schon im Jahr 1966 mit Überlichtgeschwindigkeit zu Galaxien, „die nie ein Mensch zuvor gesehen hat“. Captain Kirk brauchte seinem Steuermann Sulu nur das Kommando zu geben, um das Schiff auf „Warp-Geschwindigkeit“ zu bringen.** Und war man doch einmal zu langsam, dann schraubte Chefingenieur Scotty ein wenig an den Maschinen herum, und das Problem war gelöst. Für eine

* Nach heutigem Wissensstand eignet sich für den Betrieb eines Fusionsreaktors das Helium-Isotop He-3 am besten. Auf der Erde kommt es so gut wie gar nicht vor, man müsste es daher aus dem Weltall besorgen. Entweder man extrahiert es aus dem Gestein des Mondes oder man findet einen Weg, es aus der Atmosphäre des Planeten Jupiter zu gewinnen, wo es ebenfalls in großen Mengen vorkommt.

** Der Begriff „Warp-Antrieb“ wurde allerdings nicht erst mit der Fernsehserie „Raumschiff Enterprise“ erfunden, sondern war schon davor in der Science-Fiction-Literatur präsent.

Fernsehserie, die von den Abenteuern einer Raumschiffbesatzung auf fernen Planeten handelt, war ein Überlichtgeschwindigkeitsantrieb eine dramaturgische Notwendigkeit. In der Realität der wissenschaftlichen Forschung ist der Warp-Antrieb aber erst im Jahr 1994 angekommen. Im Mai dieses Jahres veröffentlichte der mexikanische Physiker Miguel Alcubierre eine Arbeit in der Fachzeitschrift *Classical and Quantum Gravity.* Sie trug den Titel „Der Warp-Antrieb: Hyperschnelles Reisen im Rahmen der Allgemeinen Relativitätstheorie" (im Original „The warp drive: hyper-fast travel within general relativity") und zeigte einen Weg auf, wie überlichtschnelles Reisen funktionieren könnte.

Seit Albert Einstein im Jahr 1905 seine Spezielle Relativitätstheorie veröffentlicht hatte, stand die Lichtgeschwindigkeit als maximale Höchstgeschwindigkeit fest. In den mehr als 100 Jahren, die seitdem vergangen sind, wurde dieses Naturgesetz ausführlich getestet. Egal ob in den Laboren auf der Erde oder bei der Beobachtung ferner Galaxien am anderen Ende des Weltalls: Immer zeigte sich, dass Einstein recht hatte und sich tatsächlich nichts schneller als das Licht bewegen kann. Einstein erklärt in seiner Theorie auch, warum das so sein muss. Je mehr Energie man einem Objekt zuführt, desto schneller kann es werden. Ein Teil dieser Energie wird aber nicht für den Geschwindigkeitszuwachs verwendet, sondern dient dazu, die Masse des Objekts zu erhöhen. Dieser „relativistische Massenzuwachs" wurde mittlerweile ebenfalls ausführlich experimentell getestet und bestätigt.* Je näher man sich der Lichtgeschwindigkeit nähert, desto schwe-

* Würde eine hohe Geschwindigkeit nicht zu einem Massenzuwachs führen, würde auch kein Röhrenbildschirm funktionieren. Die Elektronen, die zum Beispiel in einem alten Fernseher auf den Bildschirm treffen, um das Bild zu erzeugen, bewegen sich sehr schnell und müssen entsprechend stark durch Magnetfelder abgelenkt werden. Berücksichtigt man dabei nicht, dass sie durch die hohe Geschwindigkeit schwerer erscheinen, als sie normalerweise wären, sähe man auch kein scharfes Bild.

rer wird das Objekt und desto mehr Energie ist notwendig, um es noch weiter zu beschleunigen. Um Lichtgeschwindigkeit zu erreichen, würde man unendlich viel Energie brauchen und die Masse des Objekts würde dabei auf einen unendlich großen Wert anwachsen. Das ist unmöglich, und darum kann man sich der Lichtgeschwindigkeit zwar im Prinzip beliebig weit annähern, sie aber nie erreichen oder gar überschreiten.

Das gilt aber nur für die Bewegung von Objekten *durch* den Raum. In seiner 1915 veröffentlichten Allgemeinen Relativitätstheorie zeigte Einstein, dass sich der Raum selbst verformen, zusammenziehen und expandieren kann. Dabei muss er sich nicht an die maximale Lichtgeschwindigkeit halten. Raum kann sich auch überlichtschnell ausdehnen (und die aktuellen kosmologischen Theorien gehen davon aus, dass er das in der Frühzeit des Universums auch getan hat). Alcubierre hat sich in seiner Arbeit nun überlegt, unter welchen Bedingungen man ein Stückchen Raum dazu bringen könnte, sich mit Überlichtgeschwindigkeit zu „bewegen“. Er wollte erreichen, dass sich der Raum vor einem Raumschiff zusammenzieht und dahinter wieder ausdehnt. Dadurch bewegt man sich genaugenommen nicht, sondern verändert nur die Abstände zwischen Start und Ziel. Man schafft eine Raumzeitblase, die überlichtschnell von A nach B gelangt. Ein Raumschiff im Inneren dieser Blase könnte einfach mitreisen, ohne sich dabei selbst zu bewegen.

Alcubierre konnte in seiner Arbeit zeigen, dass so ein Konzept den Gleichungen der Allgemeinen Relativitätstheorie nicht widerspricht. Sie lassen die Möglichkeit zu, so eine überlichtschnelle „Warp-Blase“ zu erschaffen. Allerdings nur unter sehr speziellen Bedingungen. Um die Raumzeit zu verformen, braucht man ausreichend Energie, beziehungsweise Materie (was ja – ebenfalls nach Einstein – das Gleiche ist). Um den Raum vor dem Raumschiff zu kontrahieren, braucht man Materie. Um ihn aber gleichzeitig hinter dem Raumschiff zu expandieren und so die Warp-Blase zu erzeugen, braucht man Materie mit *negativer Masse.* Wissenschaftler nennen das „exotische Materie“, und bis heute weiß niemand, was das eigentlich sein soll bzw. ob so eine Art der Materie überhaupt existieren kann. Alcubierres Lösung der Einstein'schen Gleichungen mag zwar mathematisch korrekt sein, aber ob sie auch physikalisch sinnvoll ist, ist unklar.

Hinzu kommt, dass man viel Materie benötigt, damit das Konzept funktioniert. Sehr viel Materie. Ein paar Milliarden Mal mehr, als im gesamten Universum vorhanden ist. Mittlerweile haben aber auch andere Wissenschaftler Alcubierres Idee aufgegriffen und gezeigt, dass es eventuell auch mit weniger Materie klappen könnte. Je nach Modell werden Werte von ein paar hundert Kilogramm bis zur mehrfachen Masse der Sonne genannt. Man hat aber auch darauf hingewiesen, dass die Region innerhalb der Blase völlig vom Rest des Universums abgekoppelt wäre und für die Besatzung des Raumschiffs keine Möglichkeit bestünde, zu sehen, wohin man fliegt, mit der Außenwelt zu kommunizieren oder ihr Schiff zu steuern. Und wäre man dann am Ziel angekommen und würde von Überlichtgeschwindigkeit wieder abbremsen, würde das eine Schockwelle erzeugen, die alles zerstört, was sich vor dem Schiff befindet – zum Beispiel den Planeten, auf dem man landen möchte.

Andere Wissenschaftler behaupten, dass diverse quantenphysikalische Effekte die ganze Warp-Blase instabil machen würden, was wieder andere Wissenschaftler bestreiten. Es läuft im Wesentlichen darauf hinaus, dass man keine Ahnung hat, ob das Konzept von Alcubierre nur eine mathematische Kuriosität ist oder in der Realität existieren kann. Um das feststellen zu können, bräuchte man erst mal eine komplette Theorie, die sowohl die Gravitationskraft im Rahmen der Allgemeinen Relativität beschreibt als auch die Quantenmechanik inkludiert. Danach sind die Physiker nun schon seit fast 100 Jahren auf der Suche – bisher noch ohne Erfolg. Das heißt nicht, dass ein „Warp-Antrieb" unmöglich ist. Die Idee ist immer noch gut genug, um zumindest ein paar Wissenschaftler ausreichend für weitere Forschung zu motivieren. Bei der NASA wird gerade ein Experiment durchgeführt, das untersuchen soll, ob Warp-Blasen zumindest im mikroskopischen Maßstab existieren können. Recht weit ist man damit aber noch nicht gekommen, und man hat Probleme, die Messinstrumente sensibel genug zu machen, um die winzigen Effekte beobachten zu können, die so eine Mini-Blase hervorrufen würde. Die bisherigen Ergebnisse sind widersprüchlich.*

Das Beste, was man über den Warp-Antrieb derzeit sagen kann, ist: Wir haben noch nicht zweifelsfrei nachgewiesen, dass es physikalisch unmöglich ist, ihn zu konstruieren. Das Gleiche gilt für eine andere beliebte Abkürzung in der Science-Fiction: Wenn die Wege im All zu lang werden und kein Überlichtgeschwindigkeitsantrieb zur Verfügung steht, fliegt man eben einfach durch ein Wurmloch.

Ein Wurmloch verbindet zwei Orte im Weltraum, die eigentlich weit voneinander entfernt wären. Die Idee dazu stammt von Albert Einstein selbst, der sie im Jahr 1935 mit seinem Kollegen Nathan Rosen entwickelte. Das Konzept so einer „Einstein-Rosen-Brücke" basiert auf schwarzen Löchern, die damals zwar

* Was die PR-Abteilung der NASA allerdings nicht daran gehindert hat, schon mal computergenerierte Bilder von zukünftigen Warp-Raumschiffen zu veröffentlichen. Ebenso widersprüchlich sind die im August 2014 veröffentlichten Ergebnisse von NASA-Forschern zu einem anderen „Science-Fiction-Antrieb". Man testete einen sogenannten „EmDrive", der ohne Treibstoff funktionieren soll und angeblich trotzdem ausreichend Schub für interplanetare oder gar interstellare Reise bereitstellt. Das Konzept des Antriebs (der nicht von der NASA selbst entwickelt wurde, sondern von privaten Erfindern) widerspricht dem fundamentalen physikalischen Prinzip der Impulserhaltung. Trotzdem waren die Forscher der Meinung, in ihren Tests eine kleine Schubkraft gemessen zu haben. Aber so wie auch beim Warp-Antrieb sind die Ergebnisse hier bestenfalls widersprüchlich, und eine kritische Betrachtung der Experimente durch andere Wissenschaftler deutet auf Fehler bei den Messungen hin.

in der Theorie schon bekannt waren, aber hauptsächlich als mathematische Besonderheit ohne reale Entsprechung angesehen wurden. Die Allgemeine Relativitätstheorie beschreibt, wie Materie den Raum krümmt und gleichzeitig diese Krümmung des Raums die Bewegung von Objekten beeinflusst. Dieser Einfluss ist das, was wir als „Gravitation“ spüren, die in Einsteins Interpretation keine echte Kraft ist, sondern nur eine Folge der Geometrie der Raumzeit.

Die Sonne krümmt mit ihrer großen Masse den Raum zum Beispiel besonders stark. Die Erde muss dieser Krümmung bei ihrer Bewegung folgen und läuft daher um die Sonne herum anstatt einfach an ihr vorbei und hinaus ins leere Weltall. Genauso verzerrt auch die Erde selbst mit ihrer Masse den Raum und ruft die Schwerkraft hervor, die wir spüren können. Je mehr Masse, desto stärker die Raumkrümmung. Und desto mehr Kraft müssen wir aufwenden, um der Krümmung zu entkommen. Will man den Einflussbereich der Erde verlassen, ist dazu eine Geschwindigkeit von 11,2 Kilometer pro Sekunde nötig. Würde man dagegen direkt aus der Atmosphäre der Sonne starten wollen, braucht man dazu schon ganze 620 Kilometer pro Sekunde. Je stärker die Krümmung, desto größer die „Fluchtgeschwindigkeit“. Und wenn die Krümmung besonders stark ist, dann kann die Fluchtgeschwindigkeit so groß sein, dass nicht einmal Licht schnell genug ist, sie zu überwinden. Dann hat man ein „schwarzes Loch“, einen Bereich in der Raumzeit, den nichts verlassen kann.

Heute wissen wir, dass so etwas in der Natur tatsächlich vorkommen kann, zum Beispiel wenn sehr große Sterne ihr Leben beenden und unter ihrem eigenen Gewicht immer weiter in sich selbst zusammenfallen, bis sie dicht genug werden für ein schwarzes Loch. Die Löcher sind keine mathematische Kuriosität mehr, sondern mittlerweile etablierte Bestandteile des Universums.

Astronomen haben sie schon überall gefunden.* Das, was Albert Einstein und Nathan Rosen im Jahr 1935 entdeckten, war eine theoretische Verbindung zwischen zwei schwarzen Löchern. Die Gleichungen der Relativitätstheorie lassen es zu, dass die extrem gekrümmten Bereiche der Raumzeit sich miteinander verbinden und so eine Art Tunnel bilden, eine Abkürzung zwischen zwei eigentlich weit voneinander entfernten Gegenden im Universum.

Im Gegensatz zu den schwarzen Löchern sind solche „Wurmlöcher" aber bis heute nicht nachgewiesen worden. So wie bei der Warp-Blase von Alcubierre lassen die Gleichungen von Einstein ihre Existenz zwar zu, sagen aber nichts darüber aus, ob sie auch tatsächlich vorhanden sind. Und selbst wenn es sie geben sollte, scheinen sie in der Praxis genauso ungeeignet für überlichtschnelle Reisen wie der Warp-Antrieb. Wurmlöcher sind höchst instabil, und wenn man sie stabilisieren und tatsächlich als „Tunnel" durch die Raumzeit nutzen wollte, bräuchte man dafür die gleichen großen Mengen der (vermutlich gar nicht existierenden) exotischen Materie, die auch zur Erzeugung einer Warp-Blase nötig wären. Und bis jetzt hat auch noch niemand eine Idee gehabt, wie man ein künstliches Wurmloch produzieren könnte, um so gezielt zwischen den Sternen reisen zu können.

Warp-Antrieb und Wurmlöcher *könnten* existieren. Aber ein darauf basierender überlichtschneller Raumschiffantrieb ist derzeit noch so weit außerhalb unserer Fähigkeiten, dass man ihn nach allen praktischen Maßstäben als nicht umsetzbar bezeichnen kann. Wenn wir zu anderen Sternen reisen, werden wir das langsamer tun müssen. Der Flug zu den Sternen ist vor allem anderen eine Frage der Psychologie: Sind wir bereit, viel Zeit und Geld in ein Projekt zu investieren, dessen Erfolg wir nicht mehr miterleben werden? Sind wir bereit, all die Strapazen auf uns zu

* Sie lassen sich zwar nicht direkt beobachten, haben aber ganz charakteristische Auswirkungen auf ihre Umgebung und können dadurch nachgewiesen werden.

nehmen, die nötig sind, ein Generationenschiff zu bauen? Sind wir bereit, Menschen auf eine jahrhundertelange Reise durchs All zu schicken, ohne zu wissen, ob sie jemals ankommen werden? Ohne zu wissen, ob überhaupt ein Ziel auf sie wartet oder doch nur ein weiterer lebensfeindlicher Planet?

Reisen zwischen den Sternen sind nicht unmöglich. Aber sie würden von der Menschheit ein Ausmaß an Hingabe und Zusammenarbeit erfordern, das sie bisher noch nie in ihrer Geschichte gezeigt hat. Es ist nicht unwahrscheinlich, dass wir selbst dann vor dieser großen Aufgabe zurückschrecken, wenn wir uns dank des Weltraumlifts schon überall im Sonnensystem ausgebreitet haben. Aber am Ende werden wir uns dem Problem der interstellaren Raumfahrt stellen müssen. Wir können die Erde zwar auch vor Asteroideneinschlägen und anderen Katastrophen bewahren, ohne zu anderen Sternen zu reisen. Aber vor der Sonne können wir sie nicht schützen. Wenn die uns nicht mehr freundlich gesinnt ist, *müssen* wir auswandern und uns einen anderen Stern und seinen Planeten zur Heimat erküren. Oder die noch schwierigere Aufgabe lösen und die Struktur unseres kompletten Sonnensystems verändern.

Kapitel 9
Staying home

Die Sonne wird nicht ewig für uns da sein. In ferner Zukunft wird sie zuerst alles Leben auf der Erde zerstören und dann wahrscheinlich den kompletten Planeten vernichten. Wenn das passiert, sind wir hoffentlich längst ausgewandert, sonnensystemtechnisch. Sonst wird uns nichts anderes übrig bleiben, als die Erde selbst durch das Sonnensystem an einen sicheren Ort zu steuern. Wir müssen unseren Planeten zu einem Raumschiff umfunktionieren.

Zum Glück bleibt uns für diese monumentale Aufgabe noch ein wenig Zeit. Momentan befindet sich die Erde genau am richtigen Platz. Sie bekommt nicht zu viel Sonnenstrahlung ab wie die heiße Venus und auch nicht zu wenig wie der kalte Mars. Sie ist der einzige Planet im Sonnensystem, auf dem für uns angenehme Bedingungen herrschen. Wenn wir eine „zweite Erde" finden wollten, müssten wir bei anderen Sternen auf die Suche gehen. Wie schwer das ist, haben wir ja im letzten Artikel gesehen. Unser Heimatplanet befindet sich in der sogenannten „habitablen Zone", also in dem Bereich, in dem die Temperaturen nicht zu heiß und nicht zu kalt sind. Damit auf der Oberfläche eines

Planeten Leben möglich ist, müssen natürlich noch mehr Bedingungen erfüllt sein. Die Atmosphäre muss die richtige Zusammensetzung haben, das Magnetfeld muss stark genug sein, die geologische Aktivität darf nicht zu stark und nicht zu schwach sein, und so weiter.* Aber zu den wichtigsten Faktoren gehört natürlich die Strahlung des Sterns. Ohne das Licht der Sonne gäbe es auf der Erde kein Leben, und ihre Energie ist die Voraussetzung dafür, dass wir existieren können.

Zum Glück ist die Sonne ein braver Stern, relativ zumindest. Sieht man von kleineren Aktivitätsausbrüchen ab (siehe Kapitel 7), dann leuchtet sie ziemlich gleichmäßig vor sich hin. Es gibt im Universum auch jede Menge andere Sterne, die heftig pulsieren, ihre Helligkeit stark ändern und so aktiv sind, dass in ihrer Nähe kein Leben möglich ist. Unsere Sonne ist keiner dieser „veränderlichen Sterne" – was nicht heißt, dass sie sich nicht auch langsam verändert. Sie wird fast unmerklich immer heißer.

Ihre Energie produziert die Sonne durch Kernfusion. Wasserstoff wird in ihrem Inneren zu Helium verschmolzen. Damit das funktioniert, müssen die Temperaturen hoch genug sein. Das ist nur im innersten Kern der Sonne der Fall. Dort drücken die gewaltigen Gasmassen des Sterns mit aller Macht aufs Zentrum. Der enorme Druck resultiert in Temperaturen von ungefähr 15 Millionen Grad. Je höher die Temperatur, desto schneller flitzen die Wasserstoffatome hin und her, und im Kern der Sonne machen sie das so schnell, dass sie bei einer Kollision nicht mehr voneinander abprallen, sondern miteinander verschmelzen. Aus Wasserstoff wird Helium, und diese Fusion setzt Energie frei. Die will nun aus dem Kern nach außen dringen, schafft das aber nicht sofort. Die Lichtteilchen haben keine freie Flugbahn, denn sie befinden sich ja im dichtesten Teil der Sonne. Egal in welche

* Eine detaillierte Erklärung all der Eigenschaften, die einen Planeten zu einer „zweiten Erde" machen, findet man in meinem Buch *Die Neuentdeckung des Himmels*.

Richtung sie davonsausen wollen: Schon nach kurzer Zeit treffen sie auf ein Atom oder ein Elektron der Sonnenmaterie und werden dadurch abgelenkt. Das Licht muss sich den Weg nach draußen in einem Zickzackkurs suchen und braucht dafür im Durchschnitt bis zu 100 000 Jahre. Erst dann kann es die Sonne verlassen und durch den Weltraum bis zur Erde strahlen.

Die Zusammenstöße zwischen Licht und Sonnenmaterie erzeugen eine nach außen gerichtete Kraft, den sogenannten „Strahlungsdruck". Der ist auch dringend nötig, denn ohne diese Gegenkraft würde die Sonne unter ihrem eigenen Gewicht kollabieren. Ein normaler Stern ist nur deswegen stabil, weil sich Gravitationskraft und Strahlungsdruck genau die Waage halten. Die Schwerkraft will den Stern zusammenfallen lassen, doch die durch die Fusion produzierte Strahlung hält von innen dagegen. In diesem Gleichgewichtszustand verbringt die Sonne den Großteil ihres Lebens – aber je länger sie lebt, desto instabiler wird die Situation.

Nur manche mögen's heiß

Denn die Temperatur im Zentrum ist zwar hoch genug, um die leichten Wasserstoffatome ausreichend stark zu beschleunigen, damit sie zu Helium fusionieren können. Helium aber ist schwerer als Wasserstoff und bewegt sich zu langsam. Es liegt quasi einfach nur im Inneren der Sonne herum. Je mehr Helium sich im Kern der Sonne ansammelt, desto weniger Platz ist dort für Wasserstoff. Wasserstoff kann aber nur im Zentrum der Sonne zu Helium fusionieren, weiter entfernt davon ist es nicht heiß genug. Es ist ein bisschen wie mit der Asche bei einem Grillfeuer. Je mehr Kohle verbrennt, desto mehr Asche entsteht und desto weniger Platz ist im Grill für neue Kohle. Irgendwann ist alles voll mit Asche, und das Feuer geht aus.

Je mehr „Helium-Asche" sich im Laufe der Zeit im Inneren der Sonne sammelt, desto weniger Energie kann sie produzieren. Aber im Gegensatz zum Grillfeuer erlischt sie nicht einfach. Zuerst beginnt der Strahlungsdruck zu sinken, da ja nun weniger Licht von innen nach außen dringt. Das Gleichgewicht zwischen Gravitationskraft und Strahlung wird gestört, und die Schwerkraft erlangt kurzfristig die Oberhand. Sie kann nun noch fester als zuvor auf das Innere der Sonne pressen, und die Temperaturen steigen. Dadurch wird auch der Bereich größer, in dem Wasserstoff auf die für die Fusion nötige Temperatur aufgeheizt wird. Die Sonne kann nun also *mehr* Wasserstoff fusionieren als zuvor und wird *heißer*.

Je länger die Sonne brennt, desto heißer wird es auf der Erde.* Die Veränderung ist langsam und während unserer menschlichen Zeitskalen nicht zu bemerken. Die Sonne leuchtet heute aber etwa um ein Drittel heller, als sie es vor 3,5 Milliarden Jahren getan hat. Und sie wird immer heller und wärmer werden. Damit werden auch die Durchschnittstemperaturen auf der Erde im Laufe der Jahrmillionen ansteigen. Exakte Vorhersagen über so lange Zeiträume sind natürlich nicht möglich – aber in etwa 900 Millionen Jahren wird die Durchschnittstemperatur auf der Erde auf 30 Grad gestiegen sein. Das klingt angenehm, aber 30 Grad im Durchschnitt bedeuten, dass es an vielen Orten und zu vielen Zeiten sehr viel heißer ist. Momentan beträgt die Durch-

* Das stimmt nicht ganz. Wir wissen aus paläontologischen und geologischen Untersuchungen, dass die Temperaturen in der Frühzeit der Erdgeschichte deutlich höher waren als heute. Da die Sonne damals aber weniger Strahlung abgegeben hat als in der Gegenwart, hätte es damals auf der Erde eigentlich viel kühler sein sollen; so kalt sogar, dass Leben gar nicht existieren hätte können, obwohl wir genügend Fossilien finden, die das Gegenteil belegen. Dieses sogenannte „Paradoxon der jungen schwachen Sonne" ist noch nicht vollständig aufgeklärt. Man geht davon aus, dass die Atmosphäre der jungen Erde anders zusammengesetzt war als heute und einen viel stärkeren Treibhauseffekt hervorgerufen hat, der dann auch für die unnatürlich hohen Temperaturen verantwortlich war.

schnittstemperatur auf der Erde ungefähr 15 Grad, und man geht davon aus, dass ein Anstieg um weitere 15 Grad zu Zuständen führt, unter denen höheres Leben auf der Erde nicht mehr möglich ist. Und falls wir den Temperaturanstieg doch irgendwie überleben sollten, ist auf jeden Fall in 2 Milliarden Jahren Schluss. Dann ist die Sonne so heiß, dass die Durchschnittstemperatur bei uns 100 Grad Celsius beträgt. Es kann dann kein flüssiges Wasser mehr auf der Erdoberfläche existieren, so gut wie alles Leben würde verschwinden.

Spätestens zu diesem Zeitpunkt sollten wir uns einen kühleren Wohnort gesucht haben. 900 Millionen beziehungsweise 2 Milliarden Jahre sind natürlich eine enorm lange Zeit. Je nachdem, wie man es definiert, existiert der Mensch erst seit 1,5 bis 2,5 Millionen Jahren, in seiner modernen Form überhaupt erst seit 200 000 Jahren. Es erscheint unnötig, sich darüber Gedanken zu machen, was so weit in der Zukunft passieren wird. Aber die Sonne ist nun mal unser ultimatives Schicksal. Sie hat das Leben auf der Erde ermöglicht, und sie wird mit absoluter Sicherheit dafür sorgen, dass die Erde wieder zu einem leblosen Felsklumpen im All wird. Wir Menschen sind derzeit die einzigen Lebewesen auf dem Planeten, die theoretisch in der Lage wären, dieses Schicksal zu verhindern. Die Chancen, dass wir tatsächlich so lange überleben, um uns Gedanken über die heißer werdende Sonne machen zu müssen, sind gering. Aber es kann dennoch nicht schaden, sich schon frühzeitig Gedanken über Auswege aus diesem Dilamma zu machen.

Denn ein ausgewachsener Stern ist eine ganz andere Sorte von Problem als ein simpler Asteroid. Wie wir in Kapitel 4 gesehen haben, liegt der Schutz vor Asteroiden schon jetzt innerhalb unserer technischen Möglichkeiten. Wir können die Lage natürlich verbessern, indem wir ein paar der großen Visionen der Raumfahrt umsetzen, uns einen Weltraumlift bauen oder eine Basis auf dem Mond. Aber im Prinzip könnten wir auch *jetzt* schon etwas gegen potenziell gefährliche Asteroiden ausrichten. Uns vor dem unweigerlichen Ende der Sonne zu schützen hat dagegen nichts mit normaler Technik zu tun. Hier befinden wir uns wieder im Bereich der Science-Fiction, mit sehr viel „Fiction", aber immerhin noch ein bisschen „Science". Denn ganz aussichtslos ist die Lage nicht.

Planeten verschieben

Wenn wir in den nächsten Jahrmillionen die Sache mit der interstellaren Raumfahrt auf die Reihe bekommen sollten, stellt sich das Problem gar nicht. 900 Millionen Jahre sind bei weitem mehr als ausreichend, um mit großen Generationenschiffen die komplette Bevölkerung der Erde auszusiedeln und über die ganze Galaxis zu verteilen. Und vielleicht haben wir ja in der Zwischenzeit sogar einen Weg gefunden, die Begrenzung durch die Lichtgeschwindigkeit doch irgendwie zu umgehen. Aber wenn nicht, dann bleibt uns immer noch eine Möglichkeit: Wenn die Sonne immer heißer wird, verschieben wir den ganzen Planeten, bis wir wieder in einer angenehm temperierten Region des Sonnensystems landen! Das mag völlig unmöglich klingen. Es ist aber durchführbar – und es sind wieder die Asteroiden, die uns dabei helfen.

Man könnte auf die Idee kommen, man müsste nur riesige Raketentriebwerke auf der Erde installieren und sie damit durchs Weltall schieben, wenn man ihre Position im Sonnensystem verändern will. Aber abgesehen davon, dass das rein technisch annähernd unmöglich ist und unvorstellbare Mengen an Treibstoff benötigen würde, gibt es auch noch eine viel einfachere Möglichkeit. Die Energie die nötig ist, um unseren Planeten zu bewegen, können wir uns auch von den Asteroiden holen. Und zwar nicht, indem wir ihre Rohstoffe ausbeuten. Wir benutzen die Felsbrocken aus dem All, um das gewaltige Reservoir an Energie anzuzapfen, das in der Bewegung der Himmelskörper des Sonnensystems steckt.

Der in Kapitel 1 beschriebene Asteroid 2012 DA14 hat sich nach seiner nahen Begegnung mit der Erde am 15. Februar 2013 wieder auf den Weg um die Sonne gemacht. Allerdings nicht mehr auf genau der gleichen Bahn, auf der er zuvor gewesen war, denn die starke Gravitationskraft der Erde hat seinen Orbit verändert. Aber zu jeder Aktion im Universum gibt es eine passende Reaktion (das ist das dritte der berühmten Newton'schen Axiome, auf denen die gesamte klassische Mechanik basiert). Darum hat auch der Asteroid die Bahn der Erde verändert. Da er aber sehr viel weniger Masse hat als unser großer Planet, ist dieser Effekt nur verschwindend gering. Die Erde hat den Vorbeiflug von 2012 DA14 kaum gespürt, aber wenn man nur lange genug wartet, haben auch kleine Veränderungen eine große Wirkung.

Im Jahr 2001 hat der Astronom Don Korycansky von der Universität Santa Cruz in Kalifornien mit seinen Kollegen genau vorgerechnet, welche Wirkung das im Extremfall haben kann und wie man Asteroiden nutzen kann, um die Position der Erde langfristig zu verändern. Wir müssen uns dazu erst einmal einen ausreichend großen Asteroiden besorgen, der ungefähr 100 Kilometer durchmisst. Danach müssten wir seine Bahn verändern und könnten dazu die gleichen Techniken verwenden, wie sie schon in Kapitel 4 zur Asteroidenabwehr vorgestellt wurden. Aber anstatt den Asteroiden von der Erde weg zu lenken, schicken wir ihn diesmal genau in unsere Richtung. Wir wollen, dass uns der große Felsbrocken möglichst nahe kommt (ohne dabei auf dem Planeten einzuschlagen, versteht sich). Er soll knapp an der Erde vorbeifliegen, im Abstand von vielleicht 10 000 Kilometern, und dann seinen Weg durchs All wieder fortsetzen. Durch die nahe

Begegnung wird seine Bahn ein wenig verändert werden, aber auch die Bahn der Erde. Wenn man alles richtig aufeinander abstimmt, ist sie nach der Begegnung ein winzig kleines Stückchen von der Sonne weg gerückt.

Das hilft uns natürlich noch nicht viel, wenn wir der immer heißer werdenden Sonne entkommen wollen. Dazu müssen wir den Asteroiden viel öfter vorbeifliegen lassen. Ungefähr eine Million Mal, wie Korycansky und seine Kollegen berechnet haben. Das reicht, um die Erde so weit zu verschieben damit wieder angenehme Temperaturen herrschen. Wir müssen dazu allerdings nicht eine Million verschiedene Asteroiden einfangen und in Richtung Erde steuern. Im Prinzip können wir den gleichen Himmelskörper verwenden, vorausgesetzt, wir finden einen Weg, ihn – wie einen leeren Akku – immer wieder neu mit „Gravitationsenergie“ aufzuladen. Die finden wir zum Beispiel bei Jupiter: Der größte Planet des Sonnensystems hat so viel Masse, dass es kaum auffällt, wenn man ihm ein wenig seiner Bewegungsenergie klaut. Raumsonden machen das ständig und werden auf dem Flug ins äußere Sonnensystem an ihm vorbei gesteuert, um sich durch so ein „Fly-By-Manöver“ noch ein wenig zusätzlichen Schwung zu holen.

Und auch den Schwung, den unser Asteroid bei seinem nahen Vorbeiflug an die Erde abgibt, um sie damit ein wenig nach außen zu drücken, kann er sich später bei Jupiter wieder zurückholen. Wir holen uns die Energie für das „Raumschiff Erde“ also eigentlich von Jupiter, der Asteroid dient nur dazu, sie zu übertragen. Jede nahe Begegnung zwischen Asteroid und der Erde schiebt unseren Planeten ein bisschen weiter nach außen, und bei jeder nahen Begegnung von Asteroid und Jupiter wird er durch dessen Gravitationskraft wieder ein wenig beschleunigt, damit er auch beim nächsten Mal wieder genug Kraft für den nächsten Schubs hat.

So eine Aktion dauert natürlich ein wenig. In Korycanskys Modell bewegt sich der Asteroid auf einer Bahn, die ihn nur alle 6000 Jahre in die Nähe der Erde bringt. Aber man muss die Erde ja auch nicht unbedingt im Eiltempo verschieben. Die Sonne wird im Laufe der Jahrmillionen nur langsam wärmer, und es reicht, wenn wir die Erde ebenso langsam von ihr fortschieben. In der gleichen Geschwindigkeit, in der sich unser Stern aufheizt, wird die Erde durch die Begegnungen mit dem Asteroiden nach außen bewegt, sodass die Temperaturen immer erträglich bleiben. Während der zu erwartenden Lebensdauer der Sonne wird der Asteroid ungefähr eine Million Mal an der Erde vorbeifliegen müssen, damit unser Planet immer die optimale Position halten kann.

Es würde also ein echtes Langzeitprojekt, und ein gefährliches noch dazu. Denn natürlich muss der große Felsbrocken ständig überwacht werden. Im Laufe der Jahrtausende wirken auch noch die gravitativen Störungen der anderen Planeten auf seine Bahn ein, und es braucht nicht viel, damit aus dem nahen Vorbeiflug eine Kollision wird, die alles Leben auf der Erde auslöscht. Bevor wir also anfangen, große Asteroiden nahe an der Erde vorbeifliegen zu lassen, sollten wir uns sicher sein können, dass wir auch ein paar tausend Jahre später noch wissen, was wir da getan haben, und immer noch in der Lage sein werden, den Asteroiden zu kontrollieren.

Das physikalische Prinzip hinter der planetaren Reise durch das Sonnensystem ist erstaunlich simpel. Es braucht dazu nicht mehr als die Fähigkeit, die Bahn eines Asteroiden gezielt zu verändern. Es sind nicht so sehr technische Probleme, die das Verschieben eines ganzen Planeten so kompliziert machen. Es sind die Konsequenzen und die langen Zeitskalen.

Was passiert zum Beispiel mit unserem Mond, wenn wir die Erde bewegen? Den Berechnungen von Korycansky zufolge wird er vermutlich nicht mitwandern, sondern irgendwann zurückgelassen. Das könnte zu einem Problem werden, denn wir brauchen den Mond. Nicht nur, weil wir uns an seinen Anblick am Nachthimmel gewöhnt haben. Mit seiner Gravitationskraft sorgt er auch dafür, dass die Erdachse stabil bleibt. Ohne den Mond würde sie im Laufe der Jahrtausende hin und her schwanken und sich mal mehr und mal weniger stark in Bezug auf die Bahnebene der Erde neigen. Momentan beträgt diese Neigung knapp 23,4 Grad und ist der Grund, warum auf unserem Planeten Jahreszeiten existieren.* Frühling, Sommer, Herbst und Winter folgen deswegen immer so verlässlich aufeinander, weil sich die Neigung der Erdachse so gut wie nicht ändert. Wäre der Mond nicht mehr vorhanden, hätten wir auch keinen regelmäßigen Ablauf der Jahreszeiten und langfristig ein instabiles Klima. Bei unserem Transport der Erde müssten wir also dafür sorgen, dass der Mond mit uns mit kommt, und auch für ihn ein paar Asteroiden organisieren, die ihn langsam von der Sonne wegschieben.

Und dann sind da auch noch die anderen Planeten. Es gibt bestimmte Stellen im Sonnensystem, an denen sogenannte „Bahnresonanzen“ wirken. Immer dann, wenn die Umlaufzeiten zweier Himmelskörper in einem ganzzahligen Verhältnis zueinander stehen, können gravitative Störungen besonders gut wirken. Im Asteroidengürtel zwischen Mars und Jupiter gibt es jede Menge Lücken, an denen sich so gut wie überhaupt keine Objekte aufhalten. Zum Beispiel die „Hestia-Lücke“: Ein Asteroid, der sich dort aufhält, würde für einen Umlauf um die Sonne genau ein Drittel der Zeit brauchen, die der große Jupiter für eine Umrundung des Sterns benötigt. Die Umlaufzeiten ständen in einem Verhältnis von 3 : 1 bzw. in einer „3 : 1-Resonanz“. Das bedeutet, dass

* Siehe dazu auch die ausführliche Erklärung in meinem Buch *Der Komet im Cocktailglas*.

Planet und Asteroid nach jedem kompletten Umlauf des Jupiters (bzw. 3 kompletten Umläufen des Asteroiden) wieder in exakt der gleichen Position zueinander stehen wie zuvor. Gravitative Störungen können sich so im Laufe der Zeit aufschaukeln, und der kleine Felsbrocken wird irgendwann aus seiner Bahn geworfen.

Die Erde befindet sich momentan in keiner Bahnresonanz mit anderen Planeten. Aber auf ihrem Weg hinaus in kühlere Regionen des Sonnensystems würde sie zwangsläufig solche resonanten Positionen durchqueren und größeren gravitativen Störungen ausgesetzt sein, als es jetzt der Fall ist. Darauf muss man vorbereitet sein und entsprechende Korrekturmaßnahmen durchführen können. Es wird vermutlich nicht reichen, einfach nur die Erde zu bewegen. Wir müssten auch die Positionen der anderen Planeten verändern und das ganze Sonnensystem umstellen. Der Mars stünde uns zum Beispiel im Weg, denn am Ende unserer Reise wären wir ungefähr dort, wo er jetzt ist. Damit es dann nicht zu großen Bahnstörungen oder gar einer planetenzerstörenden Kollision kommt, müssen wir ihn vorher an einen anderen Ort verfrachten (und dabei berücksichtigen, dass sich auf dem Mars mittlerweile vielleicht auch schon Menschen angesiedelt haben). Die Energie, die sich die Erde für ihre Bewegung vom Jupiter geholt hat, war natürlich auch nicht kostenlos. Da sich unser Planet weiter nach außen bewegt hat, muss der große Gasriese im Gegenzug ein klein wenig nach innen rücken. Nicht viel, aber dadurch ändern sich wieder die resonanten Positionen, auf die wir achten müssen.

Die Bewegung der Erde wäre aus rein wissenschaftlicher Sicht kein großes Problem. Man könnte den kompletten Prozess schon heute problemlos berechnen und am Computer simulieren. Die Dynamik der Planeten ist ein altes Forschungsgebiet, das mit der Arbeit von Johannes Kepler und Isaac Newton im 17. Jahrhundert begann. Seit damals wird die „Himmelsmechanik“ ausführlich erforscht und ist gut verstanden. Wir wissen sogar, dass die Planeten früher ganz von alleine durch das Sonnensystem gewandert sind. In der Frühzeit des Sonnensystems gab es noch wesentlich mehr Asteroiden als heute, und es kam zu sehr viel mehr nahen Begegnungen zwischen Planeten und Kleinkörpern. Vor allem im äußeren Sonnensystem: Dort sind Neptun und Uranus weit von ihrem Geburtsort nach außen gewandert, und auch Saturn ist ursprünglich viel näher an der Sonne entstanden. Diese „planetare Migration" vor mehr als 4 Milliarden Jahren hat jede Menge Asteroiden überall durch das Sonnensystem geschleudert und das sogenannte „Late Heavy Bombardement" verursacht, eine Zeit, in der wesentlich mehr Asteroiden mit der Erde kollidierten als davor oder danach. Die Spuren dieses Bombardements mit Kleinkörpern aus dem All können wir heute noch erkennen, wenn wir zum Beispiel die Krater auf dem Mond zählen.

Die planetare Migration demonstriert, dass eine Bewegung der Erde durchaus möglich ist. Sie demonstriert aber auch, dass man sehr vorsichtig sein muss, wenn man dabei nicht das gesamte Sonnensystem durcheinander bringen will.

Wissenschaftlich und technisch mag das Verschieben von Planeten keine große Herausforderung sein. Organisatorisch ist dieses Vorhaben aber fast unvorstellbar komplex. Man muss nicht nur Jahrzehnte im Voraus planen, sondern Jahrhunderttausende. Und das Projekt auch zu Ende bringen, sonst endet man plötzlich auf einer instabilen Bahn um die Sonne oder wird von einem Asteroiden zerstört, den die eigenen Vorfahren vor Jahrtausenden absichtlich in Richtung Erde geschickt haben.

Es gibt andere Vorschläge, wie wir das ultimative Schicksal der Erde beeinflussen können. Als Reaktion auf den Asteroiden-Plan von Don Korycansky schlug im Jahr 2002 der schottische Raumfahrtingenieur Colin McInnes vor, ein riesiges Sonnensegel zu bauen. Das würde vor der Erde im Weltall schweben, von der

Kraft der Sonne angetrieben und mit seiner Gravitationskraft unseren Planeten langsam mit sich ziehen. Dazu müsste es aber eine Masse von einer Billiarde Kilogramm haben. Wir müssten also vermutlich auch hier einen großen Asteroiden in seine Bestandteile zerlegen, daraus ein Sonnensegel bauen, dessen Durchmesser zwanzig Mal größer ist als die gesamte Erde, dieses Teil dann an der richtigen Stelle im Weltall positionieren und knapp eine Milliarde Jahre warten. Dann hätte es uns ebenfalls an eine sichere Position im Sonnensystem gebracht. Aber abgesehen davon, dass so ein Vorhaben technisch viel schwieriger umzusetzen sein wird als die Kontrolle der Bahn eines Asteroiden, müssen wir uns hier um die gleichen Probleme kümmern wie bei Korycanskys Modell. Es bestünde zwar keine Gefahr, dass uns der von uns gesteuerte Asteroid irgendwann aus Versehen auf den Kopf fällt. Aber den Verlust des Mondes, die Bahnresonanzen und die Dynamik der anderen Planeten müssen wir auch hier berücksichtigen – und dann vermutlich auch alle anderen Himmelskörper mit großen Segeln ausstatten, um nicht alles durcheinander zu bringen (auch wenn bis jetzt natürlich noch keiner eine Idee hat, wie man das konkret bewerkstelligen soll).

Die Vorstellung eines Sonnensystems, in dem alle Planeten mit riesigen Segeln langsam vom Sternenlicht gesteuert durch die Gegend fliegen, ist visionär und verrückt zugleich. Aber nicht komplett unwissenschaftlich und unmöglich. Wir Menschen besitzen im Wesentlichen heute schon die Technik, die nötig wäre, um so etwas zu bewerkstelligen. Wären wir bereit, nur lange genug zu warten, könnten wir das Sonnensystem umgestalten und die Planeten dort positionieren, wo sie uns am dienlichsten sind.

Die bis jetzt im Buch vorgestellten Zukunftsvisionen waren zwar alle weit von der heutigen Realität entfernt, basieren aber auf wissenschaftlichen Grundlagen, die wir gut verstanden haben. Es sind keine prinzipiellen Probleme, die uns daran hindern, einen

Weltraumlift zu bauen, Asteroidenbergbau zu betreiben, Mond oder Mars zu besiedeln, Generationenschiffe zu anderen Sternen zu schicken oder die Erde selbst zu bewegen. Wir wissen im Wesentlichen, wie wir es machen müssten, wenn wir es wollten, es sind nur finanzielle und gesellschaftliche Gründe, die uns daran hindern.

Wenn wir über unser derzeitiges Verständnis von Physik und Technik nur ein wenig hinausgehen, geht natürlich noch mehr. Dann landen wir zwar endgültig bei der Science-Fiction, aber die hat sich in der Vergangenheit ja schon oft als guter Maßstab für die Zukunft erwiesen. Und unsere Zukunft hat immer noch ein Ablaufdatum. Selbst wenn wir die Erde weit genug verschieben, um der immer heißer werdenden Sonne zu entgehen, ist in knapp 6 Milliarden Jahren trotzdem Schluss. Denn dann ist der Wasserstoff im Zentrum unseres Sterns komplett aufgebraucht. Die Kernfusion bricht zusammen, der Strahlungsdruck fällt weg und die Sonne kollabiert. So werden Druck und Temperatur im Inneren so hoch, dass sich nun auch das Helium schnell genug bewegt, um fusionieren zu können. Kurzfristig lodert die Sonne noch einmal auf, verbrennt Helium und erzeugt mehr Strahlungsdruck als zuvor. Sie bläht sich nun regelrecht auf und wird zu einem „roten Riesen".

Merkur wird von der sich ausdehnenden Sonne als Erster verschluckt. Der Planet wird zerstört, und auch Venus wird dieses Schicksal erleiden. Die Erde könnte es gerade noch so überleben. Die Sonne wird sich ungefähr bis zur Erdbahn aufblähen, aber da sie in der Endphase ihres Lebens auch viel Masse verliert, sinkt die Gravitationskraft, die sie ausüben kann, und die Erde rückt ein wenig nach außen. Die Astronomen können die Prozesse noch nicht detailliert genug simulieren, und wir wissen nicht, ob wir am Ende innerhalb oder außerhalb der Sonne landen werden. Aber das spielt sowieso keine Rolle, denn das Helium reicht nur noch für ein paar Millionen Jahre. In dieser Zeit schleudert die heiße rote Riesensonne einen Großteil ihrer Atmosphäre hinaus ins All. Am Schluss bleibt nur noch ein kleiner, dichter Kern übrig. Im Inneren dieses „weißen Zwergs" findet keine Fusion mehr statt, er kühlt nur noch langsam aus. Sollte die Erde den Tod der Sonne überlebt haben, wird sie mit dem weißen Zwerg immer kälter werden und am Ende als lebloser Felsbrocken einen toten Stern umkreisen.

Sonnenverjüngungskuren und Dyson-Sphären

Trotzdem müssen wir nicht in jedem Fall zu anderen Sternen aufbrechen. Denn wir könnten die Sonne auch zu verjüngen versuchen! Wir könnten einen Teil ihrer Masse entfernen, denn ein Stern lebt umso länger, je kleiner er ist. Die großen und heißen Riesensterne existieren nur ein paar Millionen Jahre lang; kleine Zwergsterne dagegen können Hunderte Milliarden Jahre brennen. Würden wir es irgendwie schaffen, die Sonne kontrolliert zu verkleinern, verlängern wir ihre Lebenszeit fast beliebig. *Wie* und mit welchen Geräten man so etwas bewerkstelligen soll, ist allerdings völlig unklar. Es reicht nicht, einfach nur ein bisschen Plasma aus der äußeren Atmosphäre abzuschöpfen – wir müssten mehr als die Hälfte der gesamten Masse der Sonne entfernen, um aus ihr einen langlebigen Zwergstern zu machen.

Und dann müssten wir natürlich auch die Erde näher an den nun schwächer leuchtenden Stern heranrücken. Wenn wir aber sowieso schon dabei sind, die komplette Sonne umzubauen, dann können wir es auch gleich richtig machen und sie in eine große Schale hüllen: Solange wir auf der Erde leben, können wir nur den kleinen Teil der Sonnenstrahlung nutzen, der auf die Oberfläche fällt. Konstruieren wir aber eine Hülle um die Sonne herum, geht nichts mehr verloren und uns steht ihre gesamte Energie zur

Verfügung. Natürlich müssten wir dafür einen kleinen Planeten in seine Bestandteile zerlegen, um das nötige Baumaterial zu bekommen. Und wir müssten einen Weg finden, im Inneren dieser Schale zu leben, denn außerhalb ist es dann ja finster. Auf der Innenseite der Schale wäre zwar ausreichend Platz, aber leider fehlt dort die Gravitationskraft, die eine Atmosphäre (oder sonst irgendwas) festhalten könnte. Aber sollten wir technisch tatsächlich einmal in der Lage sein, eine künstliche Hülle für einen gesamten Stern zu konstruieren, werden wir vermutlich auch dieses Problem in den Griff bekommen.

Die Idee zur Verhüllung eines Sterns stammt übrigens nicht von einem Science-Fiction-Autor, sondern vom amerikanischen Physiker Freeman Dyson, der sich auch schon den Atombombenantrieb aus Kapitel 8 ausgedacht hat. Im Jahr 1960 hat er in einem wissenschaftlichen Aufsatz darüber spekuliert, dass solche Sternensphären von fortschrittlichen Außerirdischen gebaut werden könnten, und gezeigt, mit welchen Beobachtungstechniken wir solche versteckten Sterne finden könnten, falls es sie gibt. Der Bau einer „Dyson-Sphäre“ würde die Aliens in die Lage versetzen, die gesamte Energie eines Sterns für ihre Zwecke zu verwenden, womit sie auf der „Kardaschow-Skala“ mindestens eine Stufe über uns stehen würden.

Der russische Astronom Nikolai Semjonowitsch Kardaschow hat im Jahr 1964 eine Skala definiert, die Zivilisationen anhand ihres Energieverbrauchs klassifiziert. Auf Stufe 1 stehen alle Völker, die in der Lage sind, die gesamte auf einem Planeten verfügbare Energie für ihre Zwecke zu verwenden. Die Aliens mit der Dyson-Sphäre befänden sich eine Stufe darüber, da sie die Energie eines ganzen Sterns nutzen können. Wir Menschen dagegen haben es bis jetzt noch nicht einmal auf die erste Stufe der „Kardaschow-Skala“ geschafft. Wir sind derzeit weit davon entfernt, aber auf einem guten Weg! Wir lernen langsam (und nicht ganz unfreiwillig), auf die fossilen Energieträger zu verzichten, und machen uns die Sonnenenergie in immer größerem Ausmaß zunutze. Wir könnten es schaffen, die erste Stufe auf der Kardaschow-Skala zu erreichen und vielleicht auch ein paar kleine Schritte darüber hinaus, wenn wir einen Weltraumlift bauen und ins Sonnensystem aufbrechen. Ob wir allerdings jemals in der Lage sein werden, die zweite Stufe zu erreichen, wird sich zeigen.

Die Skala geht übrigens noch weiter. Stufe 3 beschreibt eine Zivilisation, die in der Lage ist, die Energie einer gesamten Galaxie, voll mit Hunderten Milliarden Sternen, zu nutzen. Das scheint so fern jeder Realisierung zu sein, das Kardaschow hier das Ende gesetzt hat. Andere haben seinen Gedanken aber weitergeführt und sich Zivilisationen auf Stufe 4 ausgemalt, die die Energie des gesamten Universums nutzen können, und sogar über eine Stufe 5 nachgedacht, auf der man auch noch auf die Energie aus hypothetischen anderen Universen zugreifen kann.

Solche gottgleichen Wesen sind aber nun wirklich der Stoff, aus dem Science-Fiction-Romane sind. Wir Menschen können froh sein, wenn wir die nächsten Jahrzehnte und Jahrhunderte überleben. Wenn wir unsere eigenen Probleme in den Griff bekommen und dafür sorgen, dass uns keine Asteroiden aus heiterem Himmel zerstören. Wenn wir ernsthafte Raumfahrt betreiben und ein paar Schritte hinaus ins Sonnensystem machen können. Was danach geschieht, wer weiß? Vielleicht brechen wir irgendwann zu fernen Sternen auf und besiedeln fremde Planeten. Vielleicht lernen wir, unser eigenes Sonnensystem umzugestalten. Vielleicht wagen wir uns aber auch nicht über den Mond oder den Mars hinaus und arrangieren uns auf der Erde. Wir müssen ja nicht gleich die gesamte Galaxie beherrschen oder gar das Universum.

Aber wir sollten uns immer bewusst sein, dass wir in der Lage sind, unser Schicksal selbst zu bestimmen. Die Geschichte in diesem Buch begann mit einem Asteroiden, der fast auf der Erde eingeschlagen wäre. Eine Naturkatastrophe dieser Art ist in der Lage, unseren Planeten komplett umzugestalten und alles Leben auf ihm auszulöschen. Aber was für die Asteroiden gilt, gilt für uns Menschen umso mehr. Wenn wir wollen, können wir eine mindestens ebenso mächtige Naturgewalt sein. Im Guten so wie im Schlechten. Wenn wir nicht aufpassen, könnten wir unsere Zivilisation selbst genauso gründlich zerstören, wie es ein einschlagender Himmelskörper schaffen würde.

Wenn wir uns hingegen anstrengen, können wir die Gefahr durch die Asteroiden nicht nur unschädlich machen, sondern sie dazu nutzen, um unsere Welt zu transformieren und im wahrsten Sinne des Wortes über uns hinauszuwachsen. Bis jetzt haben wir unsere gesamte Existenz auf der Oberfläche der Erde verbracht. Jeder Mensch, der je geboren wurde und gelebt hat, hat auf diesem Planeten gelebt. Nur eine kleine Handvoll Abenteurer hat sich ein wenig und für einen kurzen Zeitraum davon entfernt. Die Erde ist ein guter Ort. Wir haben bis jetzt noch keinen besseren gefunden. Aber wir können uns auf die Suche machen. Wir müssen dies sogar, wenn wir wirklich dauerhaft überleben wollen. Die Zukunft der Menschheit liegt in den Sternen.

Epilog

Wird die Zukunft tatsächlich so ablaufen, wie ich sie hier in diesem Buch beschrieben habe? Vermutlich nicht. Es ist ein zutiefst optimistisches Bild und setzt voraus, dass die Menschen irgendwann aufhören, sich gegenseitig das Leben schwer zu machen, und stattdessen gemeinsam an ihren großen Visionen arbeiten. Ein Blick auf unsere Vergangenheit lässt es zweifelhaft erscheinen, dass so etwas bald passieren wird. Es wird der Menschheit weiterhin schwerfallen, über kurze Lebensspannen hinaus zu denken und in Projekte zu investieren, von denen erst zukünftige Generationen profitieren können.

„We must be bold!" – „Wir müssen mutig sein!", hat John F. Kennedy am 12. September 1962 gefordert, nachdem er in seiner berühmten Rede all die Schwierigkeiten aufgezählt hatte, die zu bewältigen waren, um bis zum Ende des Jahrzehnts Astronauten zum Mond zu schicken. „Wir fliegen zum Mond, nicht weil es einfach ist, sondern weil es schwierig ist", verkündete der Präsident, und trotz all der Kosten, technischen Probleme und anderen Schwierigkeiten haben die USA ihr Ziel erreicht. Es ist allerdings fraglich, ob man auch so „mutig" gewesen wäre, wenn es beim Flug zum Mond nicht um einen politischen und militärischen Wettstreit und den Sieg über den Erzfeind Sowjetunion gegangen wäre.

Der Kalte Krieg ist lange vorbei. Und auch die Zeit der Politiker mit Visionen. Vielleicht werden es in Zukunft tatsächlich die privaten Firmen sein, die den Weg in den Weltraum bereiten. Vielleicht wird uns dieser Weg aber auch für immer verschlossen bleiben. All die großen Pläne für unsere Zukunft, die ich in diesem Buch vorgestellt habe, setzen voraus, dass die Menschen lange genug existieren, um sie verwirklichen zu können. Um in der Lage sein zu können, das Überleben der Menschheit langfristig zu sichern, müssen wir zuerst die Krisen in den Griff bekommen, die uns jetzt schon bedrohen. Kriege, Überbevölkerung, Klimawandel, Armut und Hunger betreffen uns im Alltag viel mehr, als es die abstrakte Gefahr durch Asteroiden tut, selbst wenn die im Fall des Falles ebenso verheerende Folgen haben könnte.

Und selbst wenn wir davon ausgehen, dass wir unsere akuten Probleme lösen und uns der Eroberung des Weltraums widmen können, lässt sich kaum vorhersagen, wie diese Zukunft wirklich ablaufen wird. Wir Menschen existieren in unserer heutigen Form erst seit ein paar hunderttausend Jahren, und die meiste Zeit davon waren wir so gut wie gar nicht in der Lage, irgendeinen relevanten Einfluss auf unser Schicksal oder unsere Umwelt zu nehmen. In den letzten Jahrhunderten verlief die Entwicklung dafür ungleich rasanter. Zwischen dem ersten Flug mit einem motorisierten Luftfahrzeug der Gebrüder Wright im Jahr 1903 und der ersten Landung eines Menschen auf dem Mond im Jahr 1969 lagen gerade einmal 66 Jahre, und es gab sicherlich viele Menschen, die beide Ereignisse bewusst miterlebt haben. Mittlerweile sind schon wieder mehr als 45 Jahre vergangen, und wenn wir in der Zwischenzeit auch nicht weiter in den Weltraum vorgedrungen sind, so haben sich die Welt, in der wir leben, und unser Verständnis des Universums doch massiv verändert. Sich vorzustellen, wie die Menschen in 100, 1000 oder gar 100 000 Jahren leben werden, ist fast unmöglich. Es wird zwischen ihnen und uns genauso wenige Verbindungen geben wie zwischen uns und unseren Vorfahren aus der Steinzeit. Und sollte sich in ein paar 100 Millionen Jahren tatsächlich jemand an die große Aufgabc machen, die Erde aus dem Weg der heißer werdenden Sonne zu rücken, werden diese Wesen so wenig mit uns gemein haben wie wir mit den primitiven Säugetieren die sich damals vor den Dinosauriern verstecken mussten, um zu überleben.

Die Welt der fernen Zukunft wird eine völlig andere sein, mit anderen Kontinenten, anderen Lebewesen und anderen „Menschen". Wer auch immer dann auf der Erde lebt, wird vermutlich nicht einmal mehr wissen, dass wir jemals existiert haben. Trotzdem gehören wir zusammen. So wie wir in direkter Linie von den allerersten Einzellern abstammen, mit denen vor Milliarden Jahren das Leben auf der Erde begonnen hat, werden auch die Lebewesen der unbekannten Zukunft ein Teil dieser ungebrochenen Kette sein. Sie werden vielleicht nicht wissen, wer wir waren. Aber sie werden auf dem aufbauen, was wir ihnen heute hinterlassen: entweder die Fundamente für große Visionen oder Ruinen, aus denen sie sich ihren eigenen Weg suchen müssen. Wir wissen nicht, wie die Zukunft wird. Aber wir sollten niemals vergessen, dass es an uns liegt, sie zu gestalten!

Weiterführende Literatur und Danksagungen

Die Zukunft ist ein weites Land, und dementsprechend viel Raum bleibt für Spekulationen aller Art. Bei meiner Arbeit an diesem Buch habe ich mich von vielen Autoren inspirieren und informieren lassen. Wissenswertes über Meteoriten und ihre Rolle bei der Entstehung der Planeten erfährt man zum Beispiel in *Meteoriten. Zeitzeugen der Entstehung des Sonnensystems* von Franz Brandstätter, Ludovic Ferrière und Christian Köberl. Die Rolle der Kometen als Überbringer schlechter Nachrichten und als Vorzeichen von Katastrophen wird in *2000 Jahre Weltuntergang. Himmelserscheinungen und Weltbilder in apokalytischer Deutung* von Rudolf Drößler ausführlich behandelt. David Levy, der Mit-Entdecker des berühmten Kometen Shoemaker-Levy-9, beschreibt in *Comets. Creators and Destroyers* diese faszinierenden Himmelskörper aus wissenschaftlicher Sicht, und in *Shoemaker by Levy. The Man Who Made an Impact* liefert der gleiche Autor eine umfassende Biografie des Geologen Gene Shoemaker.

Die Identifizierung des „Dinokillers“ und die Suche nach dem großen Einschlagskrater, der das Massensterben vor 65 Millionen Jahren belegen soll, werden vom Entdecker Walter Alvarez persönlich im Buch *T. Rex and the Crater of Doom* geschildert. Eine ausführliche Betrachtung und Analyse kosmischer Kollisionen findet man auch in meinem Buch *Krawumm! Ein Plädoyer für den Weltuntergang*.

Einen unterhaltsamen und sehr verständlichen Überblick über die Geschichte der Geologie und die geologische Geschichte der Erde gibt Richard Fortey in *Der bewegte Planet. Eine geologische Reise um die Erde*. Über Alfred Wegener und seine Forschung zur Plattentektonik existieren unzählige Bücher, und seine Originaltexte werden immer noch verlegt, zum Beispiel *Die Entstehung der Kontinente und Ozeane* in einer Ausgabe vom Alfred-Wegener-Institut für Polar- und Meeresforschung. Einen aktuellen Blick auf die Tektonik und die langfristigen geologischen Veränderungen der Erdoberfläche wirft Ted Nield in seinem sehr empfehlenswerten Buch *Superkontinent. Das geheime Leben unseres Planeten. Eine abenteuerliche Reise durch die Erdgeschichte*.

Welche Rohstoffe auf den anderen Planeten und den Asteroiden unseres Sonnensystems auf uns warten, beschreibt John Lewis in *Mining The Sky. Untold Riches From The Asteroids, Comets, And Planets* detailliert und verständlich.

Die Trilogie *Roter Mars*, *Grüner Mars* und *Blauer Mars* von Kim Robinson ist zwar Science-Fiction-Literatur und keine wissenschaftliche Facharbeit, beschreibt aber trotzdem sehr anschaulich und packend die Besiedelung und Transformation unseres Nachbarplaneten mit all den dabei auftretenden Schwierigkeiten und Herausforderungen (inklusive dem Bau eines Weltraumlifts).

Die Faszination, aber auch die Gefahren der zeitgenössischen Raumfahrt kann man aus erster Hand vom kanadischen Astronauten Chris Hadfield aus seinem Buch *Anleitung zur Schwerelosigkeit* erfahren. Welche Probleme beim Aufenthalt im All und bei längeren Reisen durch das Sonnensystem auf uns Menschen warten, erklärt Mary Roach in ihrem äußerst amüsanten Buch *Was macht der Astronaut, wenn er mal muss? Eine etwas andere Geschichte der Raumfahrt*.

Eine fiktive interstellare Reise zu unserem Nachbarstern kann man in Mary Doria Russells Science-Fiction-Klassiker *Sperling* und dessen Fortsetzung *Gottes Kinder* miterleben. Die wissenschaftlichen Aspekte von Science-Fiction-Themen wie Warp-Antrieb, Wurmlöchern oder überlichtschnellen Weltraumreisen werden in *Tunnel durch Raum und Zeit* von Rüdiger Vaas in aller Ausführlichkeit besprochen. Wer an den wissenschaftlichen Grundlagen des „stellaren Ingenieurswesens" interessiert ist und wissen möchte, wie man Sterne verjüngt oder die Erde verschiebt, wird im Fachbuch *Rejuvenating the Sun and Avoiding Other Global Catastrophes* von Martin Beech fündig werden.

Neben diesen und weiteren Autoren und Wissenschaftlern haben mich aber auch viele andere Menschen bei der Arbeit an diesem Buch unterstützt. Ich möchte mich bei meinem Lektor Christian Koth für seine Anregungen zur Struktur und Thematik von *Asteroid Now* bedanken. Ohne die Mitarbeit der vielen Testleser wäre das Buch nur halb so interessant geworden, und ich bin daher Ludmila Carone, Dagmar Fuchs, Bettina Ogbuago-Poledna, Birgit Priebe, Franz Dellinger, Siegfried Eggl, Matthias Kittel, Dietmar Kreuer, Martin Netopil, Heinz Oberhummer, Gunnar Riess und Florian Rodler zu großem Dank verpflichtet.

Dank gebührt auch meinem Doktorvater Rudolf Dvorak von der Universitätssternwarte Wien, der mir während meines Studiums die Tür zur faszinierenden Welt der Asteroiden geöffnet hat. Ohne diese Bekanntschaft mit den Felsbrocken aus dem All wäre mein Leben völlig anders verlaufen. Und es hätte dieses Buch nicht gegeben. Vielen Dank!

Register

67P/Tschurjumow-Gerasimenko (Komet) *124*
1986 DA (Asteroid) *116f.*
1999 JU3 (Asteroid) *114, 125*
2011 MD (Asteroid) *122f.*
2012 DA14 *117*
2012 DA14 (Asteroid) *15ff., 209*
2014 HQ124 (Asteroid) *95f.*

A

Aerosole *76*
Ahnighito (Meteorit) *106, 110*
AIDA (Asteroid Impact & Deflection Instrument, Mission) *102*
AIM (Asteroid Impact Monitor) *102*
Airburst *18, 46, 50*
Alcubierre, Miguel *196ff., 201*
Alpha Centauri *180ff., 189*
Aluminium *117f., 171f.*
Alvarez, Luis *36, 38, 40f.*
Alvarez, Walter *36ff., 40f.*
Aminosäuren *124f.*
Anaxagoras *19f.*
Anderson, Eric *125*
Antimaterie *45, 195*
Aphel *66*
Apollo-Missionen *31, 91, 152, 169f., 172*
Apophis (Asteroid) *51ff., 94f., 100*
Ariane-V (Trägerrakete) *133*
Aristoteles *19*
Arkyd-100 (Weltraumteleskop) *126*
Armstrong, Neil *151*
Artemis (Satellit) *99*
Arzutanow, Juri Nikolajewitsch *135, 139*
Asaro, Frank *37*
Asterank (Asteroidenbergbauprojekt) *114*
Asteroidenabwehr *89, 94, 96f., 100f., 103, 115, 163f., 193, 209*
Asteroidenbergbau *114, 117, 120, 192, 194, 216*
Asteroidengürtel *25f., 32, 110, 114*
Asteroid Redirect Mission (ARM) *122f.*
Astrea (Asteroid) *25*
Astronomische Gesellschaft (AG) *24*
Äther *19*
Atlantis (Space-Shuttle) *142*
Atmosphäre *19, 39, 43f., 47, 53, 75f., 79, 81, 116, 143, 145, 147ff., 158ff., 165, 167ff., 173, 175f., 178, 195, 200, 204, 206, 217f.*
Atombomben *18, 31, 43, 46, 53, 89f., 179, 181, 185f., 188, 193f., 218*
ATV (Automated Transfer Vehicle, Weltraumtransporter) *113*

B

Bahnresonanzen *212f., 215*
Barringer-Krater *31*
Bass, Edward *191*
Besiedelung von Planeten *12*
Bessel, Friedrich Wilhelm *28*
Binzel, Richard *49*
Biosphäre 2 *191*
Bode, Johann Elert *23*
Borrelly (Komet) *99*
Brahe, Tycho *20f., 60*
Braille (Asteroid) *99*
Bush, George W. *121*

C

Cameron, James *125*
Ceres (Asteroid) *24ff., 46, 110*
Chao, Ed *31*
Chaos *62, 64*
Charlois, Auguste *27*
Clarke, Arthur C. *152*
Coesit *31, 41*
Conrad, Charles *142*
Constellation (Raumfahrtprogramm) *121f.*
Curiosity (Marsrover) *173*
Cuvier, George *29f.*

D

DART (Double Asteroid Redirection Test, Raumsonde) *102*
Darwin, Charles *30, 58*
Davy, Humphrey *117*
Deep Impact (Raumsonde) *93f., 101*
Deep Space 1 (Raumsonde) *99f.*
Deep Space Industries *126*
Delta-v *114*
Diamandis, Peter *125*
Didymos (Asteroid) *102*
Differenzierung *108, 110*
Dinosaurier *12, 35, 38, 40, 44, 50, 53, 223*
Don Quijote (Mission) *101*
Doppelasteroiden *102*
Dvorak, Rudolf *32*
Dyson, Freeman *186f., 218*
Dyson, George *188*
Dyson-Sphäre *218*

E

Egeria (Asteroid) *25*
Einstein, Albert *196ff.*
Einstein-Rosen-Brücke *199*
Eisen *105ff., 110f., 116*
Eisen-60 *80ff.*
Eisenberg *105f.*
Eiszeiten *11, 65, 70, 75, 78, 84*
Elektromagnetisches Spektrum *160*
Erdachse *67ff., 212*
Eros (Asteroid) *27, 32, 121*
Eunomia (Asteroid) *25*
Europäische Südsternwarte *161*
Europäische Weltraumagentur (ESA) *51, 99, 102, 124, 133, 143*
European Extremely Large Telescope *162*
Evolutionstheorie *30*
Exotische Materie *198, 201*
Explorer-Missionen *169*
Exzentrizität *66f., 69*

F

Ferdinand IV. von Neapel *24*
Fixismus *71f.*
Flora (Asteroid) *25*

Fluchtgeschwindigkeit *200*
Fly-By-Manöver *210*
Fraunhofer-Teleskop *149*
Fuller, Buckminster *140*
Fulleren *140*

G

Galilei, Galileo *20, 58, 91*
Gammablitz *84*
Gauß, Carl Friedrich *24, 46*
Gemini 11 (Raumschiff) *142*
Generationenschiffe *189f., 192, 195, 202, 208, 216*
Geostationäre Umlaufbahn *99, 136ff., 141, 144, 146f., 150, 193*
Gold *108, 116ff.*
Gondwana (postulierter Kontinent) *84*
Gordon, Richard *142*
Graphen *141*
Gravitationskraft *22, 26, 28, 32, 47, 61, 64, 67f., 100, 108, 134, 136, 138, 142, 171, 190, 198, 200, 205f., 209ff., 215f., 218*
Grönland (Meteoritenfunde) *105f., 110*

H

Habitable Zone *203*
Halley, Edmund *28*
Halleyscher Komet *28*
Hauptgürtel *26*
Hayabusa (Weltraumsonde) *121, 125*
Hebe (Asteroid) *25*
Helios-Raumsonden *183f.*
Herschel (Weltraumteleskop) *54*
Herschel, Wilhelm *23*
Hestia-Lücke *212*
Himmelsmechanik *213*
Himmelspolizey *24f., 110*
HTV (Versorgungsraumschiff) *113*
Hubble (Weltraumteleskop) *149, 161f.*
Humboldt, Alexander von *25*
Hygiea (Asteroid) *25*

I

Iijima, Sumio *140*
IKAROS (Interplanetary Kite-craft Accelerated by Radiation Of the Sun, Raumsonde) *91f.*
Impakt *40f., 45*
Internationale Fernmeldeunion *137*
Interstellares Medium *81*
Inuit *105f.*
Ionenantrieb *97f., 100, 122, 194*
Irene (Asteroid) *25*
Iridium *108*
Iridium-Anomalie *36ff., 40f.*
Iris (Asteroid) *25*
ISS (Internationale Raumstation) *112f., 135, 149, 169, 171f.*
Itokawa (Asteroid) *121, 125*

J

Jahreszeiten *67ff.*
James-Webb-Space-Telescope *162*
JAXA (Raumfahrtagentur) *91, 125*
Juno (Asteroid) *25*
Jupiter *21ff., 32, 109, 114, 131, 150, 177, 179, 184, 195, 210, 212f.*

K

Kalter Krieg *121, 151, 222*
Kant, Immanuel *22*
Kardaschow, Nikolai Semjonowitsch *218f.*
Kardaschow-Skala *218f.*
Katastrophismus *29*
Kennedy, John F. *221*
Kepler Energy & Space Engineering *127*
Kepler, Johannes *20ff., 58, 60, 69, 91, 135f., 213*
Keplersche Gesetze *60f., 69*
Kernfusion *81, 108, 194f., 204, 216*
Kinetischer Impakt *93f., 102*
Klima/-wandel *57, 59, 62, 65, 67ff., 74ff., 212, 222*
Kohlenstoffnanoröhren *139ff., 145*
Kola-Bohrung *111*
Kollisionswahrscheinlichkeit *48ff., 52, 54, 87*
Kolumbus, Christoph *127*
Kometen *20, 28f., 32f., 43, 46, 57, 87, 93f., 124f.*
Kontinentalverschiebung *70ff.*
Kopernikanisches Weltbild *21*
Köppen, Wladimir *70*
Korycansky, Don *209ff., 214f.*
Kosmische Strahlung *165f., 168ff., 178, 190*
Kreidezeit *35*
K/T-Grenze *36f., 40*
Kuipergürtel *184*
Kulik, Leonid *45*

L

Lagrang-Punkte *163*
Lalande, Jérôme *23*
Landbrücken *70ff.*
LaPaz, Lincoln *45*
Laplace, Pierre-Simon *61ff.*
Laserabwehrsysteme *96f., 120*
Late Heavy Bombardement *214*
Lemuria (postulierter Kontinent) *71*
Levy, Carolyn *32*
Levy, David *32*
Licht *115f., 143, 148, 159ff., 166, 185, 204f., 215*
Lichtgeschwindigkeit *159, 185, 189, 196f., 208*
Linke, Felix *26f.*
Lokale Blase *82*
Low Earth Orbit (LEO) *136*
Lyell, Charles *30, 58*

M

Manganknollen *80ff.*
Mars *21ff., 32, 109, 114, 121ff., 131, 135, 150, 169, 171, 173f., 176f., 179, 184, 188f., 192ff., 203, 212f., 216, 219*
Mars One *177*
Maser *143*
Massenauswürfe, koronale *167*
Massensterben *95, 164*
- globales *38, 40, 53, 59, 78f., 83f.*
Massenzuwachs, relativistischer *196*
McInnes, Colin *214*
Medium Earth Orbit (MEO) *136*
Merkur *21f., 66, 175f., 216*
Metalle *105ff., 111, 114ff.*
Meteore *51*
Meteor (Forschungsschiff) *72*
Meteoriten *18, 29, 96, 124*
Methanosarcina *79*

Metis (Asteroid) *25*
Michels, Helen *37*
Migration, planetare *214*
Milankovic, Milutin *65ff., 70, 74*
Milchstraße *81f.*
MIR (Raumstation) *175*
Mittelozeanischer Rücken *72f.*
Mond *12, 15, 20, 26, 31, 42, 68, 90, 95, 113, 121ff., 129, 131f., 138, 150ff., 162ff., 169ff., 174, 176, 179, 183, 188f., 192ff., 208, 211f., 214, 216, 219, 221f.*

N

NASA *31, 51, 83, 87, 93f., 121ff., 142, 187, 191, 199*
Naturgesetze *62, 64*
NEAR Shoemaker *121*
Neptun *25, 135, 177, 184, 214*
Newton, Isaac *20, 22, 28, 58, 61, 63, 138, 209, 213*
Newtons Naturgesetze *63*
Nickel *107f., 116*
Nördlinger Ries *31*

O

Obama, Barrack *121*
Olbers, Heinrich Wilhelm *24ff.*
Oortsche Wolke *32*
Operation Pflugschar *185*
Ordovizisches Massensterben *84*
Ørsted, Hans Christian *118*
Oskar II. von Schweden *62*
Ostafrikanischer Grabenbruch *74f.*
Ozonschicht *83*

P

Page, Larry *125*
Paläogen *35f.*
Palladium *116*
Pallas (Asteroid) *25f.*
Pangäa (postulierter Kontinent) *73f., 78*
Paradoxon der jungen schwachen Sonne *206*
Parthenope (postulierter Planet) *25*
Pearson, Jerome *138f.*
Peary, Robert *105f.*
Perihel *66*
Phaeton (Asteroid) *26*
Philae (Landeeinheit) *124f.*
Phlegräische Felder *78*
Piazzi, Giuseppe *24, 27, 110*
Planetary Resources Inc. *125*
Planeten *20ff., 25f., 28f., 32, 48, 57f., 60ff., 81, 109f., 112f., 123f., 135f., 151f., 158, 166, 170, 173, 175, 178, 180ff., 184, 189, 193, 196, 202ff., 207ff., 213ff., 218f.*
- Jahreszeiten *212*
Planetesimale *109, 184*
Platin *108, 116f.*
Plattentektonik *73, 84*
Poincaré, Henri *63f., 66*
Polarlichter *166, 168*
Polarstern *68*
Poljakow, Waleri *175*
Prallplatte *186f.*
Precoveries *53*
Progress (Transportraumschiff) *112*
Projekt Orion *186ff., 194*
Proxima Centauri *183*
Pulsantrieb, nuklearer *186ff., 193, 195*

Q

Quantenmechanik *198*

R

Radioaktivität *72, 80f., 83, 108, 110, 168, 188*
Radioastronomie *161, 163*
Raketengrundgleichung *133*
Raumschiffe *12*
Raumzeit *197, 200f.*
Relativitätstheorie
- Allgemeine *196ff., 200f.*
- Spezielle *196*
Rohstoffe *107, 111, 113f., 117, 119ff., 123, 125, 127, 131, 193, 209*
Rosen, Nathan *199, 201*
Rosetta (Raumsonde) *124f.*
Ross, John *105*
Rotationsgeschwindigkeit *102, 112*
Rote Riesen *216f.*
Ruthenium *116*

S

Sainte-Claire Deville, Henri Étienne *118*
Satelliten *15, 43, 99, 103, 126, 134ff., 141f., 144f., 150, 186*
Saturn *21ff., 109, 150, 177, 179, 214*
Saturn-V-Raketen *92, 172*
Saurer Regen *39*
Schneebälle, schmutzige *28*
Schwarze Löcher *11, 45, 171, 199ff.*
Schwerelosigkeit *149, 175, 190*
Sclater, Philip Lutley *71*
Scorpius-Centaurus-Assoziation *82*
Seeing *159*
Seltene Erden *119*
Shoemaker, Eugene *31f., 41*
Sibirischer Trapp *79*
Simonyi, Charles *125*
SMART-1 (Raumsonde) *98*
Solarenergie *91, 98, 132, 148f., 219*
Solarzellen *131*
Sonne *18, 20f., 23f., 28f., 39, 58, 60, 62, 65, 67ff., 76, 79, 82f., 91ff., 102, 109, 124, 135, 143, 148, 161, 163, 165ff., 173, 176f., 180, 183f., 191, 198, 200, 202ff., 214ff., 217, 223*
Sonnenfinsternisse *20*
Sonnensegel *91ff., 97, 102, 186, 214f.*
Sonnenstürme *167f., 170*
Sonnensystem *20f., 25, 27ff., 32f., 37, 42, 57, 60ff., 66f., 81, 108, 110, 123, 125f., 150ff., 158, 165, 175ff., 179f., 182, 184, 188, 192ff., 202f., 208ff., 219*
Sonnenwind *165ff., 170, 172*
Space-Shuttles *112, 142, 162, 169*
Sputnik 1 (Satellit) *135, 186*
Sterne *21, 24, 27, 33, 66, 79ff., 136, 158ff., 163, 165f., 178ff., 183f., 188, 194, 202ff., 207, 215ff.*
- veränderliche *204*
Strahlungsdruck *205f., 216*
Stützmasse *98, 133f.*
Supernovae *82f.*
Supervulkane *77f., 84*

T

Taylor, Ted *186f.*
Tempel-1 (Komet) *93f., 101*
Thuban *68*
Tiefseegräben *73*
Titius-Bode-Reihe *23, 25*
Titius, Johann Daniel *22f.*
Traktorstrahl *100*
Treibhauseffekt *79, 176*
Trichter, magnetischer *194f.*
Tscheljabinsk (Asteroideneinschlag) *16ff., 33, 38, 43f., 46, 51, 96f., 157*
Tsunami *39, 41, 53*
Tunguska (Asteroideneinschlag) *45f., 50*
Turiner Skala *48, 50ff.*

U

Überlichtgeschwindigkeit *181f., 194f., 198f.*
Uhrwerk, Sonnensystem als *61, 64*
Uran *72*
Uranus *23, 177, 214*
Urknall *163, 165*

V

Van Allen, James *169*
Van-Allen-Strahlungsgürtel *169f.*
Vater *37*
Venus *21ff., 32, 176, 203, 216*
Vereinigte Astronomische Gesellschaft *24*
Verne, Jules *133*
Vesta (Asteroid) *25f.*
Victoria (Asteroid) *25*
Voyager 1 (Raumsonde) *184*
Vulkanismus *31, 40, 73f., 76ff., 84*

W

Walter, Ulrich *177*
Warp-Antrieb *195ff., 201*
Washington, George *118*
Washington-Monuments *118*
Wasser (auf Asteroiden) *119f., 126*
Wega *68*
Wegener, Alfred *70, 72f.*
Weiße Zwerge *217*
Weltformel *62*
Weltraumlift *12, 129ff., 135ff., 139ff., 143ff., 149f., 152, 157f., 164, 170, 174ff., 179ff., 188, 192ff., 202, 207, 216, 219*
Weltraumteleskope *43, 50, 54, 126, 149, 161, 163f.*
Whipple, Fred *28*
Wilson, John Tuzo *74*
Wilson-Zyklus *74*
WISE (Weltraumteleskop) *87, 95, 116*
Witt, Gustav *26f.*
Wright, Gebrüder *222*
Wurmlöcher *194f., 199, 201*

X

Xenon *98*
Xenon-Ionenantrieb *99*

Y

Yellowstone (Supervulkan) *78*
YES2-Projekt („Young Engineers' Satellite 2") *143*
Yucatan-Halbinsel (Einschlagkrater) *41*

Z

Zach, Franz Xaver von *23*
Zentrifugalkraft *134, 136, 138, 142*
Ziolkowski, Konstantin Eduardowitsch *133ff., 139*